中等职业教育改革发展示范学校建设项目成果教材

电子技能实训

主　编　王　晔　陈计葱

参　编　关　涛　魏　海　刘　静

戴福恒

机械工业出版社

本书是根据中等职业教育的培养目标，结合《中华人民共和国职业技能鉴定规范——无线电装接工》(初、中级)职业技能规范编写的实训教程和技能训练用书。

本书共分两部分：第一部分为7个项目，包括电子装接操作安全常识、常用电子元器件的识别与检测、电子实训准备工序、手工焊接技能、电路图的识读与常用工艺文件、常用电子仪器的使用、电子产品装配实例；第二部分精选了职业技能鉴定国家题库中的经典训练题，对掌握技能考证理论知识有较大帮助。本书内容按电子产品装接工应掌握的主要技术能力进行分类，重点介绍电子装接工艺基本知识和技能及新工艺、新技术，注重实现职业实践中适用的技术要求，深入浅出，通俗易懂，可操作性强。

本书可作为中等职业学校电子类各专业的电子实训教材，也可作为无线电装接工职业技能鉴定的培训教材和自学用书。

图书在版编目（CIP）数据

电子技能实训 / 王晔，陈计葱主编. —北京：机械工业出版社，2016.1（2018.9重印）

中等职业教育改革发展示范学校建设项目成果教材

ISBN 978-7-111-52679-7

Ⅰ. ①电… Ⅱ. ①王… ②陈…Ⅲ. ①电子技术－中等专业学校－教材 Ⅳ.①TN

中国版本图书馆CIP数据核字（2016）第006590号

机械工业出版社（北京市百万庄大街22号 邮政编码100037）

策划编辑：齐志刚　　责任编辑：齐志刚　张利萍

责任校对：陈延翔　　封面设计：张　静

责任印制：孙　炜

北京玥实印刷有限公司印刷

2018年9月第1版第2次印刷

184mm×260mm · 9印张 · 220千字

标准书号：ISBN 978-7-111-52679-7

定价：25.00元

凡购本书，如有缺页、倒页、脱页，由本社发行部调换

电话服务　　网络服务

服务咨询热线：010-88379833　　机 工 官 网：www.cmpbook.com

读者购书热线：010-88379649　　机 工 官 博：weibo.com/cmp1952

教育服务网：www.cmpedu.com

金　书　网：www.golden-book.com

前　言

随着科学技术的发展和高新技术的广泛应用，电子技术在国民经济的各个领域所起的作用越来越大，并深深地渗透到人们的生活、工作和学习等各个方面。当前层出不穷的电子新业务、电子新设施几乎无处不在。掌握一定的电子技术知识和技能是电子信息时代对每个电子专业人员提出的要求，也是学习本专业的需要。

通过本书学习，学生可以掌握常用电子元器件的识读、检测、使用等方法，掌握现代电子工艺焊接技能，掌握常见电子产品的维修方法，获得电子装配工艺等方面的职业技能。

本书根据《电子设备装接工》国家职业标准组织编写。全书从培养职业能力的角度出发，力求体现职业培训的规律，满足职业技能培训与考核鉴定的要求。

本书在编写过程中始终坚持“以学生为出发点，以职业标准为依据，以职业能力为核心”的理念，采用模块化的编写方式。编写时从学生的实际出发，力求降低教学难度，减少理论分析，由浅入深，环环相扣，寓教于乐，具有简明、易懂、新颖、直观、实用的特点。

本书由王晔、陈计葱任主编，关涛、魏海、刘静、戴福恒参加编写，全书由王晔统稿。

由于编者水平有限，书中难免有不足之处，恳请广大读者批评指正。

编者

目　　录

项目一　电子装接操作安全常识

知识链接一　安全用电的常识

在电子装接的过程中，我们会接触到很多复杂的电子电路和设备，在使用电的时候，一点的操作不当极有可能带来危险。

触电事故不同于其他事故，它往往无显示迹象，人的感觉器官不能预先察觉，因而无从防范。因此，事故一旦发生，顷刻之间就造成人身伤害和财产破坏的严重后果。所以，遵守安全文明操作规程是每个操作人员的责任。在进入电子装接技能实训之前，我们必须首先学习并严格遵守本岗位的安全文明操作规程。

一、安全用电常识

电是现代物质文明的基础，同时又是危害人类的肇事者之一。由于缺乏安全用电知识，不重视安全用电的规章制度，触电事故时有发生。从事电子产品装接工作一定要懂得安全用电的常识，严格遵守实训安全操作规程，将安全用电的观念贯穿于工作的全过程。

1. 触电

人体因触及带电体受到的电流作用而造成局部受伤，甚至死亡的现象称为触电。

（1）电子实训中触电的形式　电子实训中触电的形式有三种，分别为单相触电、两相触电和悬浮电路触电，如图 1-1 所示。

1）单相触电。单相触电指人体的某一部位接触到相线或绝缘性能不好的电气设备外壳时，电流由相线经人体流入大地的触电现象。单相触电如图 1-1a 所示。

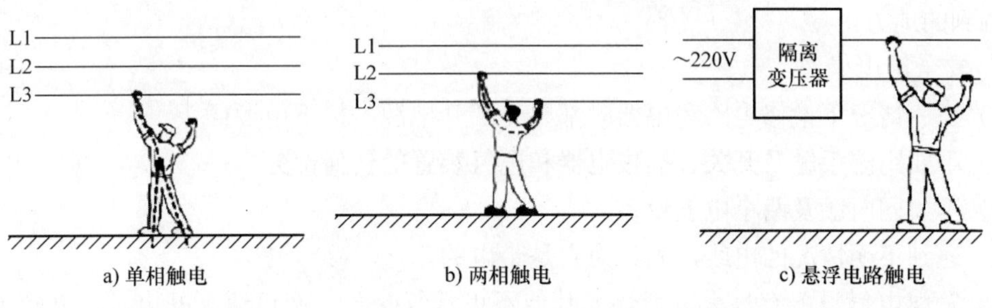

a) 单相触电　b) 两相触电　c) 悬浮电路触电

图 1-1　触电的形式

2）两相触电。两相触电指人体的不同部位分别接触到同一电源的两根不同相位的相线，电流由一根相线经人体流到另一根相线的触电现象。两相触电如图 1-1b 所示。

3）悬浮电路触电。220V 的交流电通过变压器的一次绕组时，与一次绕组相隔离的二次绕组将产生感应电动势，且与大地处于悬浮状态，这时若人接触其中的一端，不会构成回路，也就不触电。但若人体接触二次绕组的两端时，就会造成触电，称为悬浮电路触电。另外，一些电子产品的金属底板常常是悬浮电路的公共接地点，维修时若一手触高电位点，另一手触低电位点，也会造成悬浮触电，因此维修时应单手操作。悬浮电路触电如图 1-1c 所示。

（2）触电对人体的伤害类型　电流对人体的伤害类型有电击和电伤两种。

1）电击。电击是指电流通过人体，造成人体内部组织的破坏，使人出现痉挛、窒息、心颤、心脏骤停，乃至死亡的伤害。

2）电伤。电伤是指电流对人体造成的局部伤害，包括电弧烧伤、熔化的金属渗入皮肤等伤害。

触电中电伤对人体造成的伤害一般是非致命的，最危害人体生命的是电击。

（3）电对人体的作用　电流对人体伤害的严重程度，与通过人体的电流大小和种类、通电时间、电流通过人体的部位和途径等多种因素有关。

2. 触电的原因

发生触电的主要原因，通常是人们没有遵守操作规程或粗心大意，直至触及或过分靠近电气设备的带电部分，有以下原因：

1）用电设备不符合要求。

2）用电不当。

3. 触电的预防

人的生命是最为宝贵的。安全保护首先应保护人身安全，预防触电是安全用电的核心。

（1）安全用电制度　要严格遵守安全用电制度。

（2）安全措施　预防触电的措施很多，以下是最基本的安全措施：

1）工作室总电源上要装有剩余电流断路器。

2）随时检查所用电器插头、插座、电线，发现破损老化应及时更换。

3）在任何情况下，严禁用手去判断接线端是否带电；必须用完好的验电器进行判断。

4）各种电气设备，如仪器仪表、电气装置、电动工具等，应接好安全保护接地线。

5）在正常情况下的带电装置，如输电线、电源板等，要加绝缘保护，并且置于人不容易接触到的地方。

4. 安全用电操作

1）任何情况下检修电路和电器时都要先断开电源，拔下电源插头。

2）不要用湿手触及开关、插拔电器和电气装置的任何部分。

3）不要同时触及两个电气设备。

4）遇到不明情况的电线，先认为它是带电的。

5）发现电气设备有打火、冒烟或其他不正常气味时，应迅速断开电源，并请专业人员进行检修。

6）使用的电烙铁应放在烙铁架上，禁止直接放在工作台或其他物体上，防止烧焦起火。

7）如电气设备着火，不要使用水进行灭火。

8）遇到较大体积的电容器，先进行放电，再进行检修。

9）在非安全电压下作业时，应尽可能单手操作，并应站在绝缘胶垫上。

二、电子装接安全用电知识

在电子装接工作中，除了要注意加强用电安全外，还要防止机械损伤和烫伤，相关的操作要求如下：

1）裂开的、破损的或松动的工具柄，在使用前要进行替换或修理。

2）在印制电路板剪元器件引脚时，斜口钳的开口端应不朝向自己，以免线段弹伤脸部。

3）使用螺钉旋具紧固螺钉时，应防止打滑伤及自己的手。

4）要把工具和材料放稳，不让其滑动、滚动或落下。

5）传递带尖工具时，其带尖端应背向对方。

6）使用钻床时，一定要用机用虎钳或其他夹具把工件夹牢。

7）使用电烙铁时，只能拿其手柄。

8）电烙铁不使用时，要放在专门的烙铁架上。

9）不能用手触摸在通电状态下的功率器件、散热片、变压器等，以免被烫伤。

10）不要随意乱甩电烙铁头上多余的焊锡。

知识链接二　文明生产的要求

文明生产，简单地讲就是生产要讲文明，生产要讲科学性。文明生产是保证产品质量和安全生产的重要条件。为了提高企业员工的整体素质，每一个人进入企业之前，必须进行职前教育，经过职业培训，逐步养成遵守纪律和严格执行工艺规程的习惯。因此我们在校进行电子实训课程学习时，就应该要求自己遵守实训室的规章制度，做到文明生产。电子实训的文明生产内容有以下方面：

1）学生进入实训室，必须做好课前准备工作，与实训无关的其他物品不得带入实训室。

2）实训时不得在实训室内随意跑动、打闹，不得做与实训无关的事情；不得擅自离开工位，不得请他人或代他人完成实训任务。

3）严格遵守文明操作规程，不得擅自开启电源。在没有实训老师的同意及指导下，不得带电操作。

4）在电子产品装接过程中，使用电烙铁或测量仪器、仪表前，必须对电源线、电源插座、手柄等进行安全检查，发现有松动或损坏应立即更换。实训时电烙铁应放在烙铁架上，并置于实训台的固定位置。

5）实训时应将所要使用的工具放置在工作台的指定位置，不使用的工具放入工作台的抽屉中。

6）实训室及工作台上应保持环境干净整洁，各种垃圾应随时放入指定的垃圾桶中。

7）在使用机械工具时，应避免操作不当而引起的机械伤害事故，使用电烙铁时要防止烫伤。

8）制作实训电路时，应仔细认真，电路应轻拿轻放，防止电路磕碰造成损坏。

9）在实训结束时，必须切断所有电源；然后清洁工作台，清除垃圾，保持工具摆放整齐。所有被移动过的仪器设备必须恢复原状。离开实训室前应关闭门窗。

项目二　常用电子元器件的识别与检测

随着时代进步和社会发展，各种家用电子产品不断进入我们的视野中，使我们的生活更加精彩。可以说，如果没有这些“电子助手”，我们的生活质量将大幅下降。

电子产品都是由各种各样的元器件构成的，不同的元器件因不同的组合，构成不同的电子产品。不了解元器件的适用范围及元器件性能的优劣，就无法保证电子产品的性能和质量。所以，学习和掌握常用电子元器件的性能和质量检测方法，对于我们学习电子装接有着重要的意义。

任务一　指针式万用表的使用

万用表是用来测量电流、电压等多种电路参量和电阻器、电容器、电感器等多种元器件参数的电工电子仪表。掌握万用表的正确使用方法，对于高素质的劳动者和各类专门人才是最基本的技能要求。万用表分指针式万用表与数字式万用表两类，各类又有多种型号。本节主要介绍 MF—47 型指针式万用表的正确使用方法和注意事项。

知识链接一　MF—47 型指针式万用表的操作面板及主要技术指标

MF—47 型指针式万用表是磁电式多量程万用表。它可供测量直流电流、交直流电压、直流电阻等，具有 26 个基本量程，并有音频电平、电容、电感、晶体管直流电流放大系数 h_{FE} 等 7 个附加参考量程。

1. MF—47 型指针式万用表的面板结构

MF—47 型指针式万用表的面板结构如图 2-1 所示。

图 2-1　MF—47型指针式万用表的面板结构

2. MF—47 型指针式万用表的主要技术指标

（1）量程 测量值的有效范围称为量程。

现将 MF—47 型指针式万用表各主要测量档的量程列于表 2-1 中。

表 2-1 MF—47 型指针式万用表的主要量程

测量档位	量程	测量档位	量程
直流电流	0～500mA（分 5 档） 0～5A	音频电平	-10～+22dB 0dB=1mW/600Ω
直流电压	0～1000V（分 7 档） 0～2500V	h_{FE}	0～300
交流电压	0～1000V（分 5 档） 0～2500V	电感	20～1000H
直流电阻	0～∞Ω（分 5 档）	电容	0.001～0.3μF

（2）灵敏度

1）直流电压：0～2500V；20000Ω / V。

2）交流电压：0～2500V；40000Ω / V。

（3）工作条件

1）环境温度：0～40℃。

2）相对湿度：＜85%。

3）工作频率：45～5000Hz。

知识链接二 MF—47 型指针式万用表使用注意事项

1）测量前必须正确选档，如遇被测量值大小不详时，应先选用大量程，再改换合适量程。

2）测量中，尤其在高电压或大电流测量时，不得带电更换量程，以防损坏万用表。

3）电阻刻度中心值处（图中指针铅垂位置）精度最高，宜在中心值±30° 范围内选档、读数。电流、电压刻度在满度位置附近（右边）精度最高，选档时，指针宜指在满度值的 2/3 附近为佳。

4）电阻档测量有极性电容和半导体元器件时，要注意普通万用表内部电池的正极与黑表笔相连，而电池负极与红表笔相连。这一点千万不能与测量外电路的直流电压时，“红表笔接外电路正电位端、黑表笔接外电路负电位端”的理论相混淆。

5）测量大阻值电阻时，要注意不能并接入人体电阻。

6）坚持单手操作，保证人体安全。本表可配用高压探头测量不超过 25kV 的高压。测量时接地夹与电视机金属底板连接，再握住探头进行测量。

7）读数时根据不同量程选对刻度尺。指针与反光镜中的像相重合时，读数最为准确。

8）测量完毕，档位开关拨至直流 1000V 档。水平放置于凉爽、干燥环境，避免振动。长期不用宜取出电池，以免电池漏液，腐蚀仪表。

9）慎用电阻 1 档和 10k 档。因为 1 档电流耗损最大，短路时约 90mA；10k 档电压最高，达 10.5V（9V 串 1.5V）。

10）使用技巧：测量电流、电压时养成点触习惯。具体做法是先将一表笔（黑表笔）接触一测试点，然后用另一表笔去点触另一测试点。碰触一下即脱开，同时观察表头指针摆动情况。如果摆动缓慢，则可延长接触时间，到指针指示即可观察读数。若摆动迅速或反偏，则立即脱离接触点，检查或更换档位、插孔位置等。此时即使有失误，也可避免损坏电路或仪表。

操作分析一　万用表的读法

图 2-2　MF—47型指针式万用表表头

一、交、直流公用标度尺（均匀标尺间距）的读数

1）交、直流公用标度尺下面有三组数字，分别为：

①50、100、150、200、250。

②10、20、30、40、50。

③2、4、6、8、10。

以上是为方便选取不同量程时进行读数换标而设置的。

2）包含了 8 个直流电压档，分别为：0～0.25V、0～1V、0～2.5V、0～10V、0～50V、0～250V、0～500V、0～1000V。

3）包含了 5 个直流电流档，分别为：0～0.05mA、0～0.5mA、0～5mA、0～50mA、0～500mA。

4）包含了 5 个交流电压档，分别为：0～10V、0～50V、0～250V、0～500V、0～1000V。

5）测量时，应根据选择的档位，乘以相应的倍率。

6）例如：当量程选择的档位是直流电压 0～2.5V 时，由于 2.5 是 250 的 1/100，所以标度尺上的 50、100、150、200、250 这组数字都应同时变为原来的 1/100，分别为 0.5、1.0、1.5、2.0、2.5，这样换算后，就能迅速读数了。

7）当表头指针位于标尺间隔的某个位置时，应将标尺间隔的距离等分后，估读一个数值。

8）如果指针的偏转在整个标尺面板的 2/3 以内，应换一个比它小的量程读数。

二、欧姆标度尺（非均匀标尺间距）的读数

1）万用表的欧姆标度尺上只有一组数字，作为电阻专用，从右往左读数，它包含了 5 个档位，分别为×1、×10、×100、×1k、×10k。

2）测量时，应根据选择的档位乘以相应的倍率。

例如：当量程选择的档位是 R×1k 时，就要对已读取的数据乘以 1000 就可以了。

3）当表头指针位于标尺间隔的某个位置时，由于欧姆标度尺的标尺间距是非均匀的，应根据左边和右边标尺间距缩小或扩大的趋势，估读一个数值。

4）如果指针的偏转在整个标尺面板的 2/3 以内，应换一个比它小的量程读数。

操作分析二　MF—47 型指针式万用表基本操作方法

（1）测量前的准备　首先检查指针是否在零位，如不在零位，可调节表头轴心附近的机械调零装置，将指针调到零位。然后在电池夹内装入二号电池（1.5V）、6F22 型层叠电池（9V）各一节。将两根测试表笔分别插到相应插孔中：黑表笔插在标有“COM”的公共插座内，红表笔一般插在“+”插座内。

（2）测量直流电流　根据所测电流的大小，将量程开关拨至相应的电流档上，测量时红表笔接触电路正端，黑表笔接触电路负端。万用表串接在被测电路中。

使用 5A 档时，红表笔插入 5A 插座，量程开关置于 500mA 档。

直流电流的测量值由面板的第二条标尺标记显示。

（3）测量直流电压　根据所测电压值的大致范围，将量程开关转到相应的直流电压档上，红表笔接触电路正端，黑表笔接触电路负端。万用表并接在被测电路两端。使用直流 2500V 档时，量程开关拨至 1000V 档位，红表笔改插至 2500V 插座。测量值也由第二条标尺标记读出。

（4）测量交流电压　其方法与直流电压测量相同。

（5）测量电阻　将量程开关拨至电阻档合适的量程位置，然后进行“欧姆调零”。具体做法是：将量表笔短接，指针自左向右偏转。此时调整“Ω”调零电位器，使指针对准欧姆标尺标记的零位（对表头来说是最后一条标尺标记偏转）。完成调零后，分开两表笔，将其分别搭接在被测电阻两端。表头指针在第一条标尺标记上的指示值，乘以该电阻档的倍率，即为被测电阻值。

测量电阻时，必须注意以下两点：

1）更换测量档位时，必须重新进行“Ω”调零，以确保测读准确性。

2）测量电阻值时，必须切断被测电路电源，待电路中的储能元件充分放电后才能测量。

任务二　数字万用表的使用

知识链接一　认识 DT—9205A 型数字万用表的面板

DT—9205A 型数字万用表的面板如图 2-3 所示。

面板图及操作键作用说明：

1）Ω——电阻档，分 200Ω、2k、20k、200k、2M、20M、200M 七档。

2）V～——交流电压档，分 200mV、2V、20V、200V、750V 五档。

3）V= ——直流电压档，分 200mV、2V、20V、200V、1000V 五档。

4）A= ——直流电流档，分 20μA、200μA、2mA、20mA、200mA、2A、20A 七档。

5）A～——交流电流档，分 200μA、2mA、20mA、200mA、2A、20A 六档。

6）hFE——晶体管 β 测量，有 NPN 和 PNP 两种型号晶体管的插孔。

7）二极管测量，短路测量。

图 2-3 DT—9205A型数字万用表的面板

知识链接二 DT—9205A 型数字万用表的使用方法

1. 一般测量

测量电阻、电压（直流、交流）和电流（直流、交流）时，只需将量程转换开关打到相应位置，表笔插在相应插孔中即可。

需要特别指出的是，如果误用数字万用表的电流档测量电压，很容易将万用表烧坏。因此，在先测电流再测电压时要格外小心，注意随即改变转盘和表笔的位置。

2. 测二极管

用数字万用表可以判断二极管的好坏、极性和材料。

方法：转盘打在（—▷|—）档，红表笔插在右一孔内，黑表笔插在右二孔内，两支表笔的前端分别接二极管的两极，如图 2-4 所示，然后颠倒表笔再测一次。

若二极管正常，则两次测量的结果应该是：一次显示“1”字样或没有显示，另一次显示零点几的数字。此数字即是二极管的正向压降：硅材料为 0.6V 左右；锗材料为 0.2V 左右，且此时红表笔接的是二极管的正极，而黑表笔接的是二极管的负极。

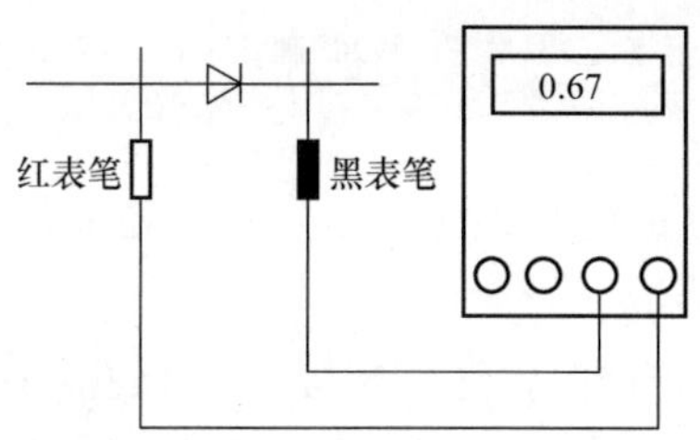

图 2-4　用数字万用表测量二极管

3. 短路检查

将转盘打在短路档（•))），表笔位置同上。用两表笔的另一端分别接被测两点，若此两点确实短路，则万用表中的蜂鸣器发出声响。

4. 晶体管的测量

（1）根据型号判别晶体管的材料和类型　国产晶体管的型号标记为 3×××，其中，3A××为锗 PNP 型；3B××为锗 NPN 型；3C××为硅 PNP 型；3D××为硅 NPN 型。

（2）判定管脚　一般晶体管的管脚排列如图 2-5 所示（从底部看），要准确判别可查相关手册。

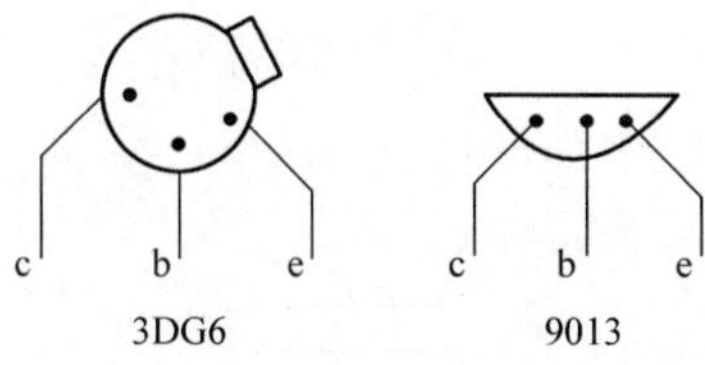

图 2-5　用数字万用表测量晶体管

（3）测定 β 值　按晶体管三个极的位置，将其插入万用表的晶体管插孔，并根据晶体管的类型，转动转盘至 NPN 或 PNP 的位置。如果晶体管正常，应显示一个 20～200 的数值，此即为该晶体管的 β 值。

操作分析　使用 DT—9205A 型数字万用表注意事项

1）仪表的使用或存放应避免高温（>40℃）、阳光直射、高温度及强烈振动的环境。

2）测量时，若万用表显示溢出符号“1”，说明已发生过载，应更换高一级的量程再进行测量。

3）测量电压时，不论直流还是交流，都要选择合适的量程。当无法估计被测电压的大小时，应先选最高量程进行测量，然后再根据情况选择合适的量程。

4）测量较高电压时，不论直流还是交流，都严禁拨动量程开关，否则将会产生电火花，使万用表损坏。

5）测量电流时，最好把万用表的红表笔接被测电压的正极，黑表笔接被测电压的负极，这样可以减少测量误差。

6）测量电流时，当被测电流大于 0.2A 时，应将红表笔接 20A 插孔。测量大电流时，测量时间应尽可能短，一般不超过 15s 为宜。当被测电流小于 0.2A 时，红表笔应接“A”插孔，以保证测量精度。

7）测量电解电容器时，测量前必须先将电解电容器做放电处理后再进行测量，以免损坏万用表。

8）在使用各电阻档、二极管档时，红表笔接 V/Ω 插孔（带正电），黑表笔接 COM 插孔；这与指针式万用表在各电阻档上表笔的带电极性恰好相反，使用时应特别注意。

9）测量完毕，应立即关闭电源（OFF）；若长期不用，则应取出电池，以免电池漏液损坏万用表。

任务三　电阻器的识读和检测

知识链接一　电阻器的分类

电阻器是具有电阻特性的电子元件，是电子线路中应用最广泛的元件之一，通常称为电阻。电阻器分为固定电阻器和可变电阻器（电位器），它在电路中起分压、分流和限流等作用。

电阻的种类繁多，按用途分为通用电阻、精密电阻、电位器等。根据封装方式分为通孔安装电阻和表面安装电阻两大类。其中通孔安装电阻根据材料分为碳膜电阻、金属膜电阻、绕线电阻等。

常见电阻器的电路符号如图 2-6 所示。

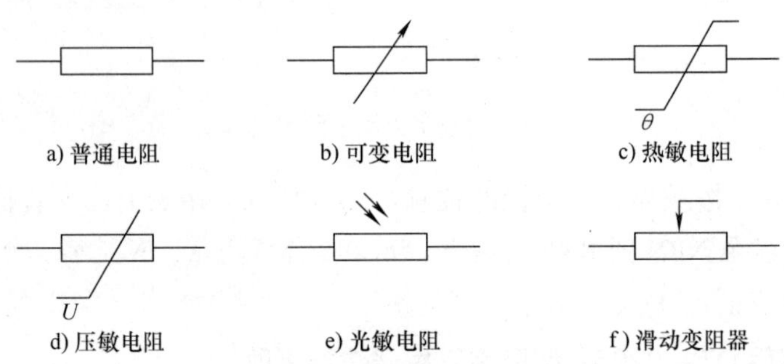

图 2-6　常见电阻器的电路符号

知识链接二　电阻器的主要参数

1. 标称阻值和偏差

标称阻值指在电阻器表面所标示的阻值。例如：RT11 为普通碳膜电阻器，WXT1 为线绕可调电阻器。

对于具体的电阻器而言，其实际阻值与标称阻值之间有一定的偏差，这个偏差与标称阻值的百分比称为电阻器的误差。误差越小，电阻器的精度越高。电阻器的误差范围有明确的规定，对于普通电阻器其允许误差通常分为三大类，即±5%、±10%、±20%。

2. 额定功率

额定功率指电阻器在正常大气压力及额定温度条件下，长期安全使用所能允许承受的最大功率值。在电路图中各种功率的电阻器采用不同的符号表示方法，如图 2-7 所示。

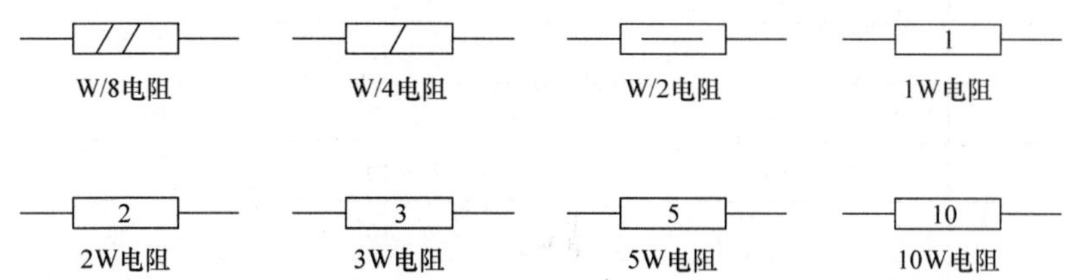

图 2-7 各种功率的电阻器在电路图中的表示方法

操作分析一 电阻器阻值和误差的识别

1. 电阻器的识别

电阻的基本单位为“欧姆”，简称“欧”，用希腊字母“Ω”来表示。除欧姆外，电阻的单位还有千欧（kΩ）和兆欧（MΩ）等。

【例】1MΩ=1000kΩ=1000000Ω；1kΩ=1000Ω。

2. 电阻器的标识方法

（1）直标法 直标法是用数字和文字符号在电阻器上直接标出主要参数的标识方法，例如：电阻值为 5.1kΩ，误差为±5%。若电阻器上未标注误差，则均为±20%。

（2）文字符号法 文字符号法是用数字和文字符号或两者有规律的组合，在电阻器上标识出主要参数的标识方法。其具体方法为：阻值的整数部分写在阻值单位标识符号的前面，阻值的小数部分写在单位标识符号的后面。

标识符号规定如下：

欧（10^0欧），用Ω表示，例：0.1Ω标识为Ω1。

千欧（10^3欧），用 k 表示，例：1kΩ标识为 1k。

兆欧（10^6欧），用 M 表示，例：3.3MΩ标识为 3M3。

千兆欧（10^9欧），用 G 表示，例：8.2×10^9Ω标识为 8G2。

兆兆欧（10^{12}欧），用 T 表示，例：3.3×10^{12}Ω标识为 3T3。

（3）色标法 色标法是用色环代替数字在电阻器表面标出标称阻值和允许误差的方法。该方法的优点是标识清晰，易于看清，而且与电阻的安装方向无关。色环颜色的规定见表 2-2。

表 2-2 色环颜色的规定

颜色	有效数字	乘数	允许误差（%）
黑色	0	10^0	
棕色	1	10^1	±1
红色	2	10^2	±2
橙色	3	10^3	
黄色	4	10^4	
绿色	5	10^5	±0.5

（续）

颜色	有效数字	乘数	允许误差（%）
蓝色	6	10^6	±0.25
紫色	7	10^7	±0.1
灰色	8	10^8	
白色	9	10^9	
金色		10^{-1}	±5
银色		10^{-2}	±10

色标法分为四色环色标法和五色环色标法，如图 2-8 所示。

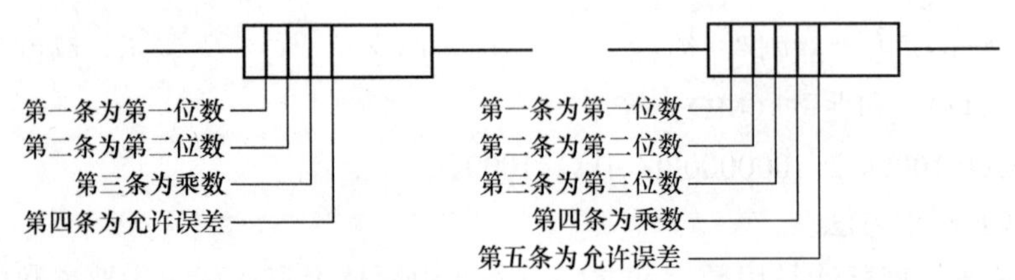

图 2-8　电阻器的四色环色标法和五色环色标法

1）四色环色标法：四色环的前两色环表示阻值的有效数字，第三条色环表示阻值倍率，第四条色环表示阻值允许误差范围。普通电阻器大多用四色环色标法来标注。

2）五色环色标法：五色环的前三条色环表示阻值的有效数字，第四条色环表示阻值倍率，第五条色环表示允许误差范围。精密电阻器大多用五色环色标法来标注。

操作分析二　电位器的测量

1. 电位器阻值的标识

电位器上阻值的标识法一般采用直标法、文字符号法和数码表示法，前两种一般用于体积较大的电位器上，而最后一种一般用于体积较小的电位器上。

2. 电阻器好坏的判断与检测

电阻器的好坏可通过直接观看引线是否折断、电阻体是否烧焦等做出判断。可用万用表合适的电阻档进行阻值测量，测量时应避免测量误差。

【提示】选取指针式万用表合适的电阻档，用表笔分别连接电位器的两固定端，测出的阻值即为电位器的标称阻值；然后将两表笔分别接电位器的固定端和活动端，缓慢转动电位器的轴柄，电阻值应平稳地变化，如发现有断续或跳跃现象，说明该电位器接触不良。

技能训练　电阻器、电位器的识别与质量判别

实训项目一　固定电阻器的直观识别

1. 实训目的

通过本课题的实训，应掌握直观判别固定电阻器的类别、阻值大小、功率大小及允许偏差等基本参数的方法。

2. 实训器材

相同电阻板若干块，每块放置有各种阻值、各种型号、各种功率的电阻器若干只（应包括热敏电阻器、压敏电阻器、片式电阻器等）。

3. 实训内容及步骤

1）碳膜电阻器、金属膜电阻器、酚醛线绕电阻器、水泥线绕电阻器、金属氧化膜电阻器、热敏电阻器、压敏电阻器等的识别和区分。

2）各电阻器标称功率的识别。

3）各电阻器标称阻值的识别。

4）各电阻器允许偏差的识别。

4. 实训报告

将直观识别的各电阻器的参数情况填入表 2-3 中。

表 2-3　直观识别电阻器参数情况记录表

序号	电阻颜色（底色）	电阻器类别	阻值标称方法（色环）	标称阻值	误差标称方法	允许偏差

实训项目二　固定电阻器的质量判别

1. 实训目的

通过本课题的实训，应掌握固定电阻器的质量判别方法。

2. 实训器材

1）W/810Ω、W/8100Ω、W/81kΩ、W/810kΩ、W/8100kΩ、W/81MΩ 电阻器各一只。

2）正、负温度系数热敏电阻器各一只。

3）一台万用表。

3. 实训内容及步骤

1）用万用表判别上述各电阻器的质量，看测量阻值是否与标称阻值相符。

2）检查在温度变化时热敏电阻器阻值的变化情况。

4. 实训报告

1）将固定电阻器测量情况填入表 2-4 中。

表 2-4　固定电阻器测量情况记录表

序　号	电阻标称阻值	电阻测量阻值	误　差
1			
2			
3			
4			
5			
6			

2）将热敏电阻器测量情况填入表 2-5 中。

表 2-5　热敏电阻器测量情况记录表

序　号	标 称 阻 值	测 量 阻 值	温度升高时阻值的变化
1			
2			

实训项目三　电位器的质量判别

1. 实训目的

通过本课题的实训，应掌握各类电位器、可调电阻器外观识别及质量判别的方法。

2. 实训器材

1）普通旋柄 X 型、D 型、Z 型同阻值电位器各一只。

2）带开关旋柄电位器一只。

3）微型带开关电位器一只。

4）推拉开关电位器一只。

5）直滑电位器一只。

6）旋柄同轴双连电位器一只。

7）立式、卧式可调电位器各一只。

8）万用表一台。

3. 实训内容及步骤

1）各种电位器、可调电阻器的外观识别。

2）直滑电位器的质量判别。

3）可调电阻器的质量判别。

4）推拉开关电位器的质量判别。

5）普通旋柄 X 型、D 型、Z 型同阻值电位器的质量判别及阻值变化规律。

6）旋柄同轴双连电位器的质量判别。

4. 实训报告

1）绘制普通旋柄 X 型、D 型、Z 型同阻值电位器的阻值变化规律曲线。

2）比较双连电位器的阻值变化情况。

任务四　电容器的识读和测量方法

知识链接一　电容器的命名

电容器是组成电路的基本元器件之一，是一种储存电能的元器件，在电子电路中起到耦合、滤波、隔直流和调谐等作用。电容器的常用电路符号如图 2-9 所示。

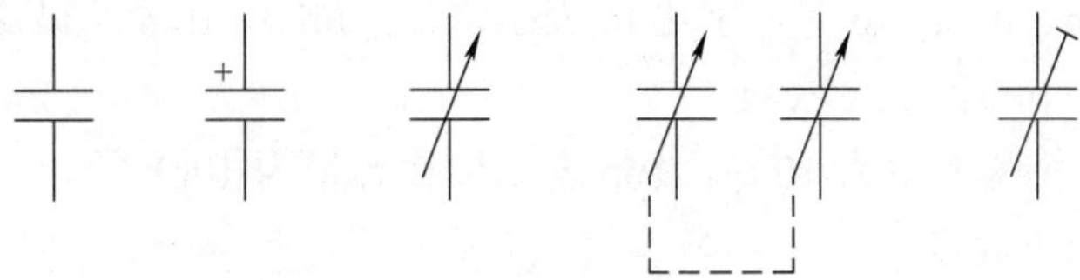

图 2-9　电容器的常用电路符号

电容器的型号命名由 4 部分组成，如图 2-10 所示。

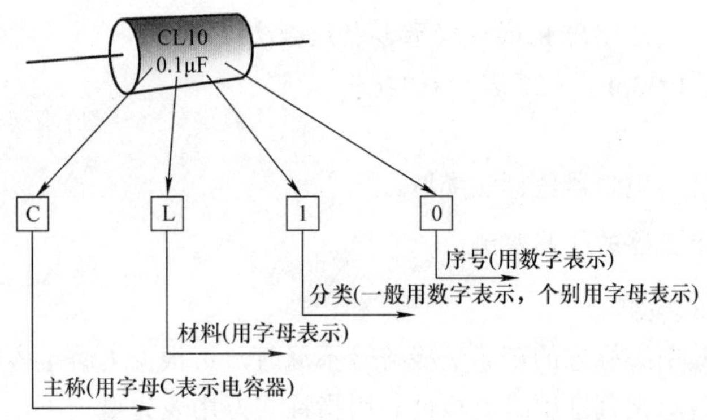

图 2-10　电容器的型号命名

知识链接二　电容器的主要参数

1）标称容量和允许偏差。

2）额定直流工作电压。

3）绝缘电阻。

操作分析一　电容器的规格与标注方法识读

1. 直标法

直标法指在电容器的表面直接用数字或字母标注标称容量、额定电压及允许偏差等主要技术参数的方法，如图 2-11 所示。

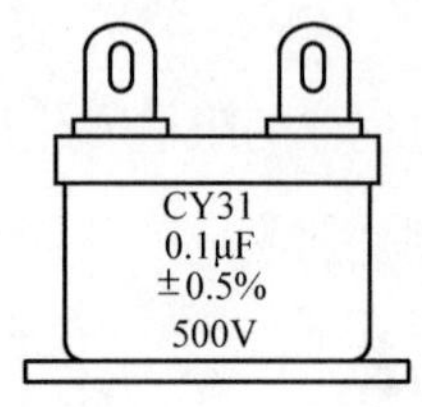

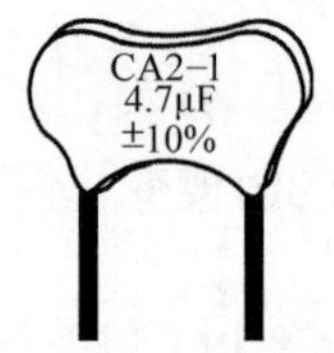

图 2-11　直标法

2. 文字符号法

文字符号法是用特定符号和数字表示电容器的容量、耐压、误差的方法。一般数字表示有效数值，字母表示数值的量级。

常用的字母有 m、μ、n、p 等，字母 m 表示毫法（mF）、μ 表示微法（μF）、n 表示纳法（nF）、p 表示皮法（pF）。

【例】10μ 表示标称容量为 10μF，10p 表示标称容量为 10pF 等。

字母有时也表示小数点。

【例】p33 表示 0.33pF，2p2 表示 2.2pF、3μ3 表示 3.3μF。

有时用 3 位数字表示，前两位数字表示标称容量的有效数字，第三位表示有效数字后面零的个数，单位为皮法（pF）。

【例】224 表示 0.22μF，102 表示 1000pF。

有时也在数字前面加字母 R 或 p 表示零点几微法或皮法。

【例】p33 表示 0.33pF，R22 表示 0.22μF。

3. 色标法

电容器的色标法与电阻器色标法类似。

操作分析二　电容器的简易检测

1. 电解电容器的检测

电解电容器当其引脚标志的正、负极符号不清时，可根据电解电容器正接时漏电阻小，反接时漏电阻大的现象来判别引脚的极性。用指针式万用表先量一下电解电容器漏电阻值，而后将两表笔对调一下，再测量出漏电阻值。两次测量中，漏电阻值小的一次，黑表笔所接触的就是电解电容器的负极（因为黑表笔与表内电池的正极相接）。

两次测量中，漏电阻小的一次，黑表笔所接为负极，如图 2-12 所示。

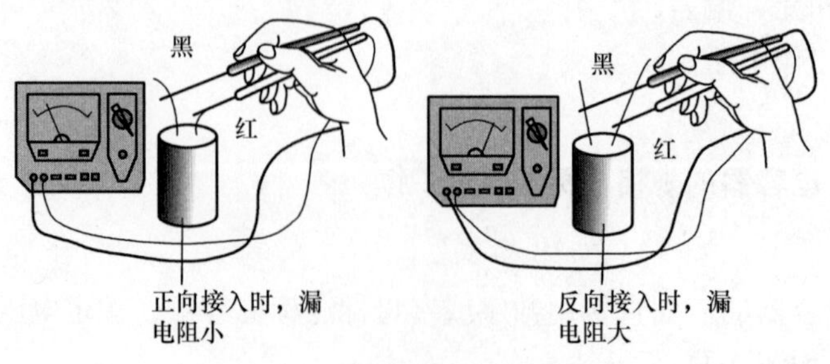

图 2-12　电解电容器的极性判断

2. 电容量的质量判别

（1）固定电容量漏电判别　用万用表的电阻 $R\times10k$ 量程档。将表笔接触电容器的两极，表头指针应顺时针方向跳动一下（5000pF 以下的小电容量观察不出跳动），然后逐步逆时针方向复原，直到退至∞处。如果不能复原，则稳定后的读数表示电容量漏电的电阻值，其值一般为几百到几千兆欧。阻值越大，电容器绝缘性越好。

（2）电容器容量的判别　5000pF 以上的电容器可用万用表最高电阻档判别有无电容量。用表笔接触电容器两端时，表头指针应先是一跳，后逐渐复原。将黑、红两表笔对调之后再接触，表头指针应是又一摆，并摆幅更大，而后又逐渐复原。这就是电容充电、放电的情形。电容器的容量越大，表头指针摆动越大，指针复原的速度也越慢。根据指针摆动的角度可估计其容量的大小。若用万用表 $R\times10k$ 最高电阻档判别时表针不摆动，则说明电容器内部断路了。

对于 5000pF 以下的小容量，用万用表最高电阻档已看不出充、放电现象，应另采用专门的测量仪器判别。

（3）可变电容器碰片判别　用万用表电阻档来判别。将两表笔分别搭在可变电容器的动片与定片上，旋转电容器动片至任何位置时，如果发现是直通（即表针指零），说明有碰片。然后应使用专用工具进行检修，使之正常。

技能训练　电容器的识别与检测

1. 电容器容量识别

选用不同标值的电容器时，由学生判别电容器并注明全称。

2. 用万用表测量电容器的漏电电阻

1）小电容器漏电电阻的测量（以 0.01～0.047F 为例）：用万用表的 $R\times10k$ 档，将表笔接触电容器的两极，表针先向顺时针方向跳动一下，后逆时针方向复原，即退回 R 处，如不能复原，则稳定后的计数表示电容器漏电的电阻值。

2）大电容器漏电电阻的测量（以 100～1000F 为例）：用万用表的 $R\times1k$ 档，将表笔接触电容器的两极，当表针已偏移到最大值时，迅速从 $R\times1k$ 档拨到 $R\times1$ 档，片刻后再拨回 $R\times1k$ 档，表针最后停止在某一标尺标记上，其读数即漏电电阻值。

3）设计表格，将识别、测量结果填入表中。

任务五　电感器的识读和检测方法

知识链接一　电感器的分类

电感线圈简称电感，具有存储磁能的作用。电感器用文字符号 L 表示。电感通常由骨架、绕组、屏蔽罩、磁心等组成。常用电感的外形如图 2-13 所示。

电感的种类很多，分类的方法也不同。

1）按电感的形式可分为固定电感器、可变电感器和微调电感器。

图 2-13　常用电感的外形

2）按磁体的性质可分为空心线圈和磁心线圈。

3）按用途可分为天线线圈、振荡线圈、低频扼流线圈和高频扼流线圈。

4）按耦合方式可分为自感应线圈和互感应线圈。

5）按结构可分为单层线圈、多层线圈和蜂房线圈等，如图 2-14 所示。

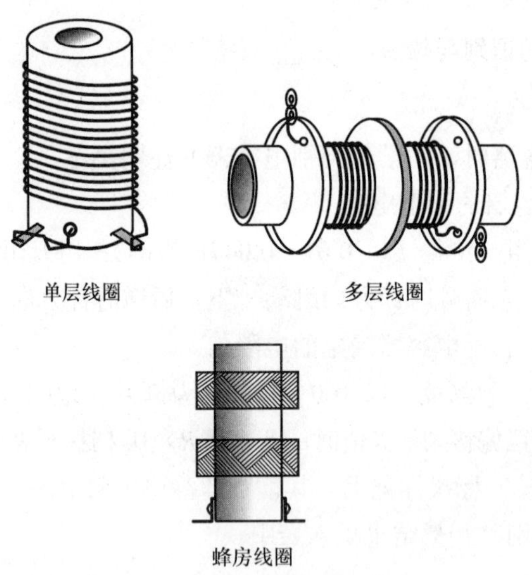

图 2-14　电感线圈按结构分类

知识链接二　常用电感器外形与电路图形符号

电感器外形与电路图形符号如图 2-15 所示。

电感器和电容器一样，也是一种储能元器件，它能把电能转变为磁场能，并在磁场中储存能量。电感器用符号 L 表示，它的基本单位是亨利（H），常用毫亨（mH）为单位。它经常和电容器一起工作，构成 *LC* 滤波器、*LC* 振荡器等。另外，人们还利用电感的特性，制造了扼流圈、变压器、继电器等。

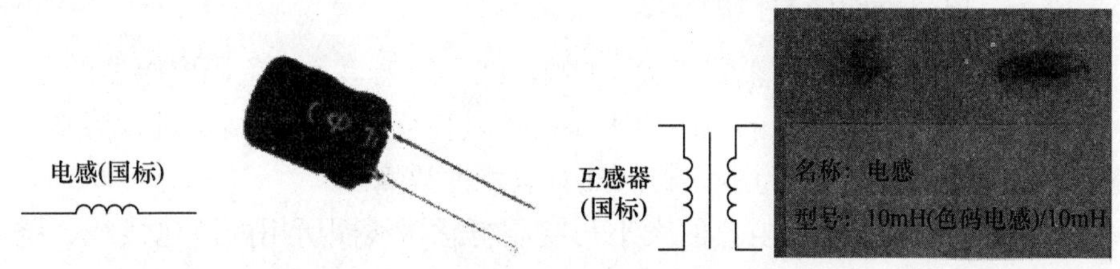

图 2-15　电感器外形与电路图形符号

知识链接三　电感器的主要参数

1）电感量。

2）品质因数。

3）分布电容。

4）额定电流。

电感器的技术指标主要包括：电感量 L；品质因数 Q 值；自谐频率 f；直流电阻 R_{DC}；额定电流 I 等。固定电感器主要用于电视机、摄像机、录像机、微处理机、微电动机及其他电子设备和通信设备中起谐振、耦合、延迟、滤波、陷波、扼流、抗干扰等作用。

知识链接四　变压器的外形特征和电路符号

变压器按使用的工作频率可分为高频变压器、中频变压器、低频变压器和脉冲变压器等。

变压器按其磁心可分为铁心变压器、磁心（铁氧体心）变压器和空心变压器等。常见变压器的外形及电路符号如图 2-16 所示。

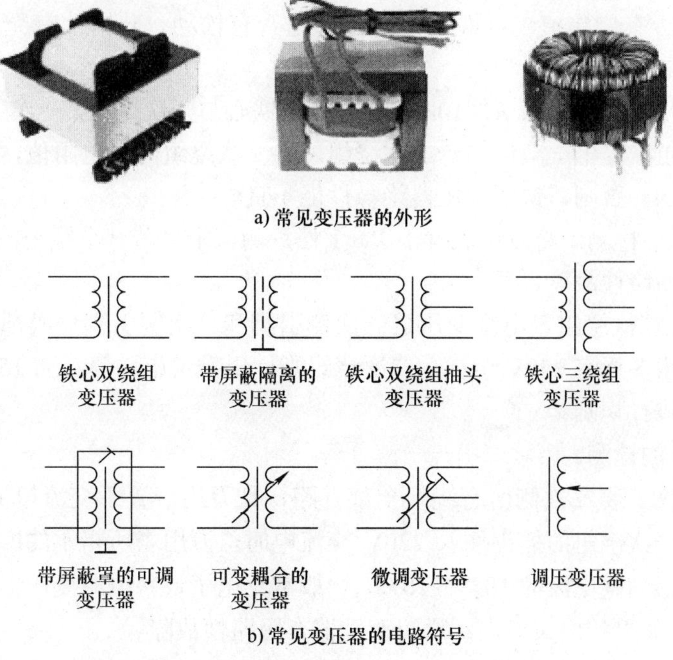

图 2-16　常见变压器的外形及电路符号

操作分析一　电感器的简易检测方法

色码电感器的检测：将万用表置于 $R\times1$ 档，红、黑表笔各接色码电感器的任一引出端，此时指针应向右摆动。根据测出的电阻值大小，可具体分下述几种情况进行鉴别：

1）被测色码电感器电阻值为零，其内部有短路性故障。

2）被测色码电感器直流电阻值的大小与绕制电感器线圈所用的漆包线径、绕制圈数有直接关系，只要能测出电阻值，则可认为被测色码电感器是正常的。

操作分析二　中周变压器的简易检测

1）将万用表拨至 $R\times1$ 档，按照中周变压器的各绕组引脚排列规律，逐一检查各绕组的通断情况，进而判断其是否正常。

2）检测绝缘性能

将万用表置于 $R\times10k$ 档，做如下几种状态测试：

①一次绕组与二次绕组之间的电阻值。

②一次绕组与外壳之间的电阻值。

③二次绕组与外壳之间的电阻值。

上述测试结果分别出现三种情况：

①阻值为无穷大：正常。

②阻值为零：有短路性故障。

③阻值小于无穷大，但大于零：有漏电性故障。

操作分析三　电源变压器的检测

1）通过观察变压器的外貌来检查其是否有明显异常现象。如线圈引线是否断裂、脱焊，绝缘材料是否有烧焦痕迹，铁心紧固螺杆是否有松动，硅钢片有无锈蚀，绕组线圈是否外露等。

2）绝缘性测试。用万用表 $R\times10k$ 档分别测量铁心与一次绕组，一次绕组与各二次绕组、铁心与各二次绕组、静电屏蔽层与一二次绕组、各二次绕组间的电阻值，万用表指针均应指在无穷大位置不动。否则，说明变压器绝缘性能不良。

3）线圈通断的检测。将万用表置于 $R\times1$ 档，测试中，若某个绕组的电阻值为无穷大，则说明此绕组有断路性故障。

4）判别一、二次绕组。电源变压器一次侧引脚和二次侧引脚一般都是分别从两侧引出的，并且一次绕组多标有 220V 字样，二次绕组则标出额定电压值，如 15V、24V、35V 等；再根据这些标记进行识别。

5）空载电流的检测。

①直接测量法。将二次侧所有绕组全部开路，把万用表置于交流电流档（500mA），串入一次绕组。当一次绕组的插头插入 220V 交流电时，万用表所指示的即是空载电流值。此值不应大于变压器满载电流的 10%～20%。一般常见电子设备电源变压器的正常空载电流应在 100mA 左右。如果超出太多，则说明变压器有短路性故障。

②间接测量法。在变压器的一次绕组中串联一个 10 /5W 的电阻，一次侧仍全部空载。把

万用表拨至交流电压档。加电后，用两表笔测出电阻 R 两端的电压降 U，然后用欧姆定律算出空载电流 $I_{空}$，即 $I_{空}=U/R$。

6）空载电压的检测。将电源变压器的一次侧接 220V 市电，用万用表交流电压档依次测出各绕组的空载电压值（U_{21}、U_{22}、U_{23}、U_{24}）应符合要求值，允许误差范围一般为：高压绕组≤±10%，低压绕组≤±5%，带中心抽头的两组对称绕组的电压差应≤±2%。

7）一般小功率电源变压器允许温升为 40～50℃，如果所用绝缘材料质量较好，允许温升还可提高。

8）检测判别各绕组的同名端。在使用电源变压器时，有时为了得到所需的二次电压，可将两个或多个二次绕组串联起来使用。采用串联法使用电源变压器时，参加串联的各绕组的同名端必须正确连接，不能搞错。否则，变压器不能正常工作。

9）电源变压器短路性故障的综合检测判别。电源变压器发生短路性故障后的主要症状是发热严重和二次绕组输出电压失常。通常，线圈内部匝间短路点越多，短路电流就越大，而变压器发热就越严重。检测判断电源变压器是否有短路性故障的简单方法是测量空载电流，测试方法前面已经介绍。存在短路故障的变压器，其空载电流值将远大于满载电流的 10%。当短路严重时，变压器在空载加电后几十秒钟之内便会迅速发热，用手触摸铁心会有烫手的感觉。此时不用测量空载电流便可断定变压器有短路点存在。

任务六　半导体器件的识别和检测方法

知识链接一　常用半导体器件的分类和用途

1）二极管按结构可分为点接触型和面接触型两种。点接触型二极管的结电容小，正向电流和允许加的反向电压小，常用于检波、变频等电路；面接触型二极管的结电容较大，正向电流和允许加的反向电压较大，主要用于整流等电路。面接触型二极管中用得较多的一类是平面型二极管，平面型二极管可以通过更大的电流，在脉冲数字电路中用作开关管。

2）二极管按材料可分为锗二极管和硅二极管。锗管与硅管相比，具有正向压降低（锗管为 0.2～0.3V，硅管为 0.5～0.7V）、反向饱和漏电流大、温度稳定性差等特点。

3）二极管按用途可分为普通二极管、整流二极管、开关二极管、发光二极管、变容二极管、稳压二极管、隧道二极管、光敏二极管等。常见二极管的电路符号如图 2-17 所示。

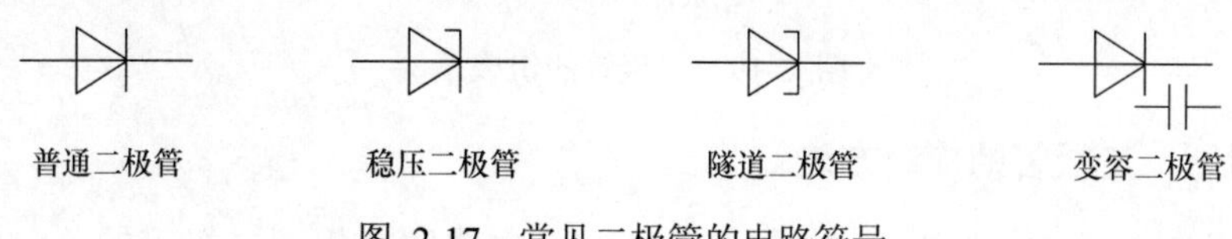

图 2-17　常见二极管的电路符号

知识链接二　常用半导体器件的命名方法

国产二极管的命名由五部分组成，如图 2-18 所示。其中第二、三部分各字母含义见

表 2-6。

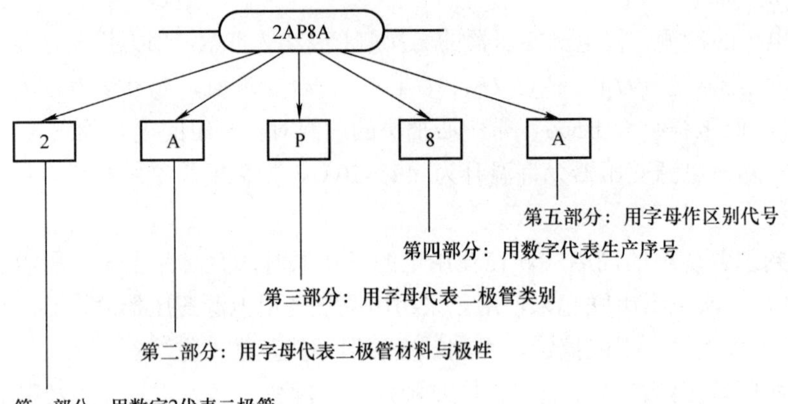

图 2-18 二极管的命名方法

表 2-6 第二、三部分各字母含义

第二部分		第三部分			
字母	意义	字母	意义	字母	意义
A	N 型锗材料	P	普通二极管	S	隧道二极管
B	P 型锗材料	W	稳压二极管	U	光敏二极管
C	N 型硅材料	Z	整流二极管	N	阻尼二极管
D	P 型硅材料	K	开关二极管	L	整流堆

【例】某二极管的标号为 2BS21，其含义是：P 型锗材料隧道二极管，如图 2-19 所示。

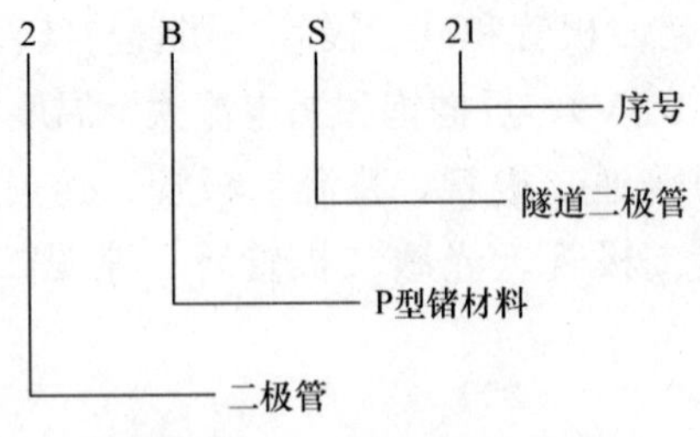

图 2-19 二极管的组成示例

操作分析一 二极管的检测方法

1）用万用表 $R\times100$ 档或 $R\times1\text{k}$ 档测其正、反向电阻，根据二极管的单向导电性可知，测得阻值小时与黑表笔相接的一端为正极；反之，为负极。若二极管的正、反向电阻相差越大，说明其单向导电性越好。

2）若二极管正、反向电阻都很大，说明二极管内部开路；若二极管正、反向电阻都很小，说明二极管内部短路。

【注意】不能用万用表 $R\times1$ 档（内阻小，电流太大）和 $R\times10k$ 档（电压高）测试，否则有可能会在测试过程中损坏二极管。

操作分析二　晶体管的识别和检测方法

1. 晶体管的分类

晶体管的种类很多，按 PN 结的组合方式可分为 NPN 型和 PNP 型；按材料可分为锗晶体管和硅晶体管；按工作频率可分为高频晶体管（$f_a\geqslant3MHz$）和低频晶体管（$f_a<3MHz$）；按功率可分为大功率晶体管（$P_C\geqslant1W$）和小功率晶体管（$P_C<1W$）等。常见晶体管的外形及电路符号如图 2-20 所示。

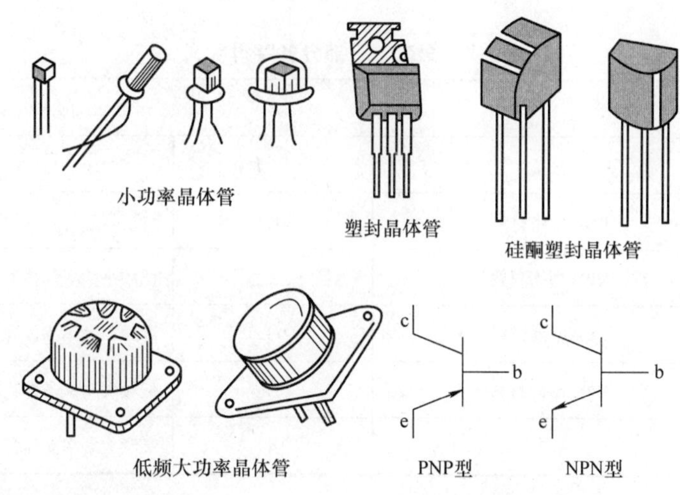

图 2-20　常见晶体管的外形及电路符号

2. 晶体管的主要技术参数

（1）交流电流放大系数　交流电流放大系数包括共发射极电流放大系数和共基极电流放大系数，它是表示晶体管放大能力的重要参数。

（2）集电极最大允许电流　集电极最大允许电流（I_{CM}）指晶体管的电流放大系数明显下降时的集电极电流。

（3）集-射极间反向击穿电压　集-射极间反向击穿电压（BV_{ceo}）指晶体管基极开路时，集电极和发射极之间允许加的最高反向电压。

（4）集电极最大允许耗散功率　集电极最大允许耗散功率（P_{CM}）指晶体管参数变化不超过规定允许值时的最大集电极耗散功率。

除以上之外，晶体管还有表示热稳定性、频率特性等性能的参数。

3. 晶体管的命名方法

晶体管的命名由五部分组成，如图 2-21 所示。其中第二、三部分各字母含义见表 2-7。

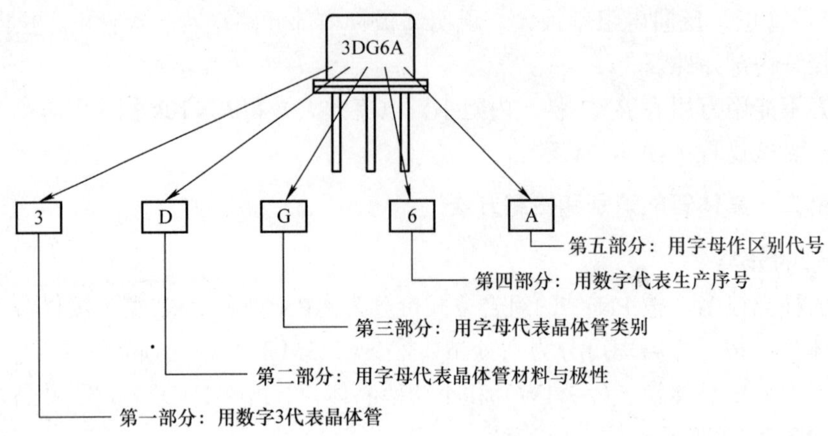

图 2-21　晶体管的命名方法

表 2-7　第二、三部分各字母含义

第 二 部 分		第 三 部 分	
字母	意义	字母	意义
A	PNP 型锗材料	K	开关晶体管
B	NPN 型锗材料	X	低频小功率晶体管（f_a<3MHz，P_C<1W）
C	PNP 型硅材料	G	高频小功率晶体管（f_a≥3MHz，P_C<1W）
D	NPN 型硅材料	D	低频大功率晶体管（f_a<3MHz，P_C≥1W）
		A	高频大功率晶体管（f_a≥3MHz，P_C≥1W）

【例】某晶体管的标号为 3CX701A，其含义是：PNP 型低频小功率硅晶体管，其组成示例如图 2-22 所示。

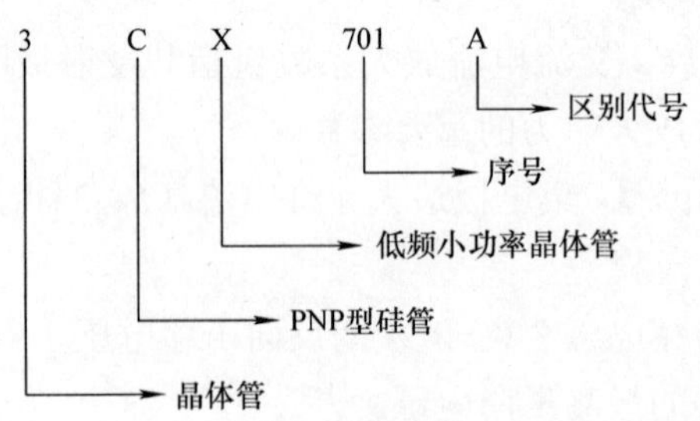

图 2-22　晶体管的组成示例

4. 晶体管的检测

（1）晶体管类型和基极 b 的判别　将万用表置于 R×100 档或 R×1k 档，用黑表笔碰触某一极，红表笔分别碰触另外两极，若两次测得的电阻都小（或都大），则黑表笔（或红表笔）所接引脚为基极且为 NPN 型（或 PNP 型）。

（2）发射极 e 和集电极 c 的判别　若已判明晶体管的基极和类型，任意设另外两个电极为 e、c 端。判别 c、e 电极时按图 2-23 所示进行。以 PNP 型管为例，假设将万用表红表笔接 c 端，黑表笔接 e 端，用潮湿的手指捏住基极 b 和假设的集电极 c 端，但两极不能相碰（潮湿的手指代替图中 100kΩ 的电阻 R）。

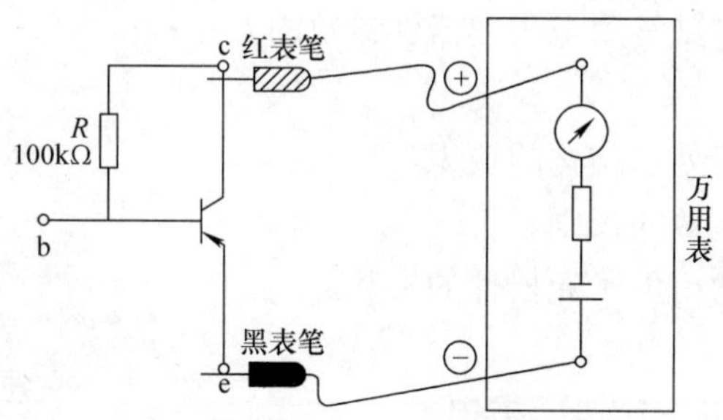

图 2-23　用万用表判别PNP型晶体管的c、e电极

再将假设的 c、e 电极互换，重复上面步骤，比较两次测得的电阻大小。测得电阻小的那次，红表笔所接的引脚是集电极 c，另一端是发射极 e。

知识链接三　光电器件

1. 发光二极管

发光二极管与普通照明用灯相比，最大的优点是发光效率高和反应速度快。由于反应速度快，发光二极管被广泛应用于电子显示中，例如：指示灯、LED 显示屏、交通灯等；由于它的发光效率高，也被用作光源。

目前正在研制高功率的 LED 光源，这种光源只需要荧光灯的几分之一的功率，就可以发出相同强度的光，如果大量使用 LED 光源，将使现在的用电紧张情况得到缓解。

2. 红外接收二极管

红外接收二极管又称为红外光敏二极管。

红外接收二极管在没有接收到红外线时，其反向电阻非常大，接近无穷；但若有某个波长的红外线照射在红外接收二极管的受光面时，其反向电阻会迅速减小。根据这个特点，红外接收二极管可以用于检测有无红外线，更多地被用于彩色电视机、空调器等家电的遥控设备中作为红外接收器件。

一般红外接收二极管只对一个波长的红外线敏感，对其他波长的红外线就不太敏感，正是由于这个特性，在使用红外线进行遥控时，被干扰的可能性才很小，这正是红外线遥控成为家电遥控主流的最主要原因。

红外接收二极管常按其最敏感的红外线的波长进行分类，常见的波长为 940nm。

红外接收二极管的外形如图 2-24 所示，其电路符号与光敏二极管一样。

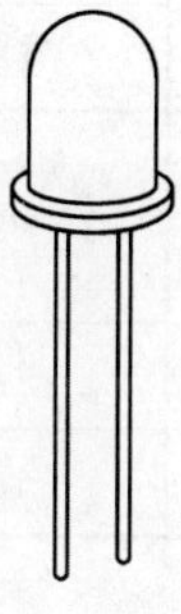

图 2-24　红外接收二极管的外形

技能训练 常用电子元器件的识别与测试

1. 实训目的

1）熟悉常用电子元器件的外形结构。

2）掌握常用电子元器件参数的识别。

3）掌握使用万用表测试常用电子元器件参数的方法。

2. 实训内容

1）常用电子元器件的外形结构的认识。

2）常用电子元器件参数的识别。

3）使用万用表测试常用电子元器件的参数。

3. 实训设备

电阻、电容等常用电子元器件，万用表。

4. 实训步骤

通过对常用电子元器件实物的观察，识别各种电子元器件，能说出它的名称。如电阻（包括碳膜电阻、金属膜电阻、排阻等）、电容（包括电解电容、瓷片电容、独石电容等）、二极管（包括整流二极管、开关二极管等）、晶体管（包括金属封装晶体管、塑封晶体管等）、发光二极管（包括小直径和大直径、白光、红光、绿光、黄光、蓝光等）、数码管、点阵管、按键、串行接口、并行接口、集成电路等。

对电阻可以通过直接读取色环参数来确定电阻的阻值；对电容可通过数值参数的读取来确定具体的容量值；对二极管和晶体管可通过参数的读取来确定管子的性能和使用情况。

使用万用表的电阻档、电容档、二极管档和晶体管档等分别测试各类电子元器件的参数以及元器件的性能状况，将测量结果填入表2-8中。

表2-8 元器件测量情况记录表

类别	测量	参数1	参数2	参数3
电阻	标注			
	读数			
电容	标注			
	读数			
二极管	标注			
	读数			
晶体管	标注			
	读数			

项目三　电子实训准备工序

任务一　装配工具的使用

知识链接一　常用手工工具

在电子装配过程中使用的工具称为装配工具。常用的装配工具有通用手工装配工具（钳口工具、剪切工具、紧固工具、焊接工具）和电子产品生产专用设备。

1. 钳口工具

钳口工具有尖嘴钳、平嘴钳、圆嘴钳、镊子等，如图 3-1~图 3-4 所示。

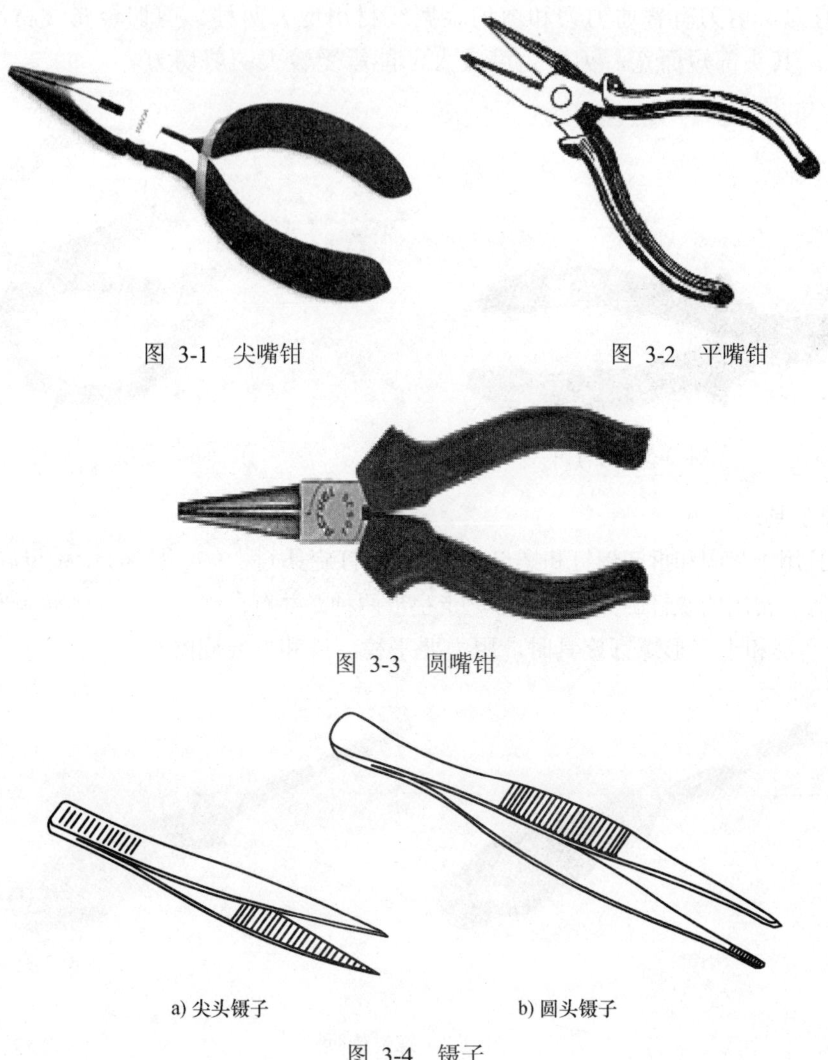

图 3-1　尖嘴钳

图 3-2　平嘴钳

图 3-3　圆嘴钳

a) 尖头镊子

b) 圆头镊子

图 3-4　镊子

（1）尖嘴钳　它主要用于焊接网绕导线和元器件引线，引线成形，布线，夹持小螺母、小零件等。

（2）平嘴钳　它主要用于拉直裸导线或将较粗的导线及较粗的元器件引线成形。

（3）圆嘴钳　由于钳嘴呈圆锥形，可以方便地将导线端头、元器件的引线弯绕成圆环形，安装在螺钉及其他部位上。

（4）镊子　它主要用于夹持物体。端部较宽的医用镊子可夹持较大的物体，而头部尖细的普通镊子，适用于夹持细小物体。在焊接时，可用镊子夹持导线或元器件。对镊子的要求是弹性强，合拢时尖端要对正吻合。

2. 剪切工具

（1）偏口钳　偏口钳又称斜口钳，其外形如图 3-5 所示，主要用于剪切导线，尤其适合用来剪除网绕后元器件多余的引线。剪线时，要使钳头朝下，在不变动方向时可用另一只手遮挡，防止剪下的线头飞出伤眼。它有普通偏口钳和带弹簧偏口钳两种。

（2）剪刀　剪刀有普通剪刀和剪切金属线材用剪刀两种。剪切金属线材用的剪刀如图 3-6 所示，其头部短而宽，刃口角度较大，能承受较大的剪切力。

图 3-5　偏口钳　　图 3-6　剪刀

3. 紧固工具

紧固工具用于紧固和拆卸螺钉和螺母。它包括螺钉旋具（图 3-7、图 3-8)、螺母旋具（图 3-9）和各类扳手等。常用的螺钉旋具有一字形、十字形两种，并有自动、电动、风动等形式。

使用一字形和十字形螺钉旋具时，用力要平稳，压和拧要同时进行。

a)　b)

图 3-7　螺钉旋具

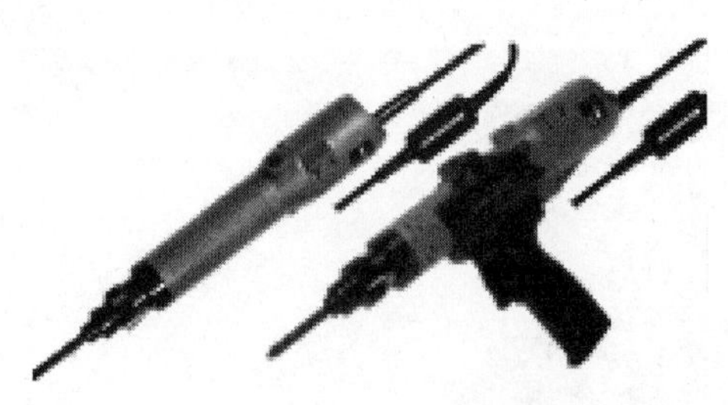

图 3-8 机动螺钉旋具

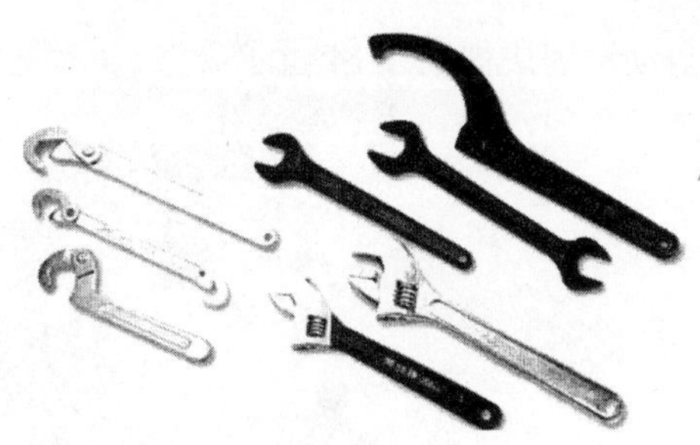

图 3-9 螺母旋具

知识链接二 常用紧固件

在整机的机械安装中，各部分的连接、部件的组装、部分元器件的固定及锁紧、定位等，经常要用到紧固零件。常用紧固零件有扎带、螺钉、螺母、垫圈、螺栓、螺柱、压板、夹线板、铆钉等。扎带如图 3-10 所示，螺钉、螺母如图 3-11 所示，垫圈如图 3-12 所示，铆钉如图 3-13 所示。

图 3-10 扎带

图 3-11 螺钉、螺母

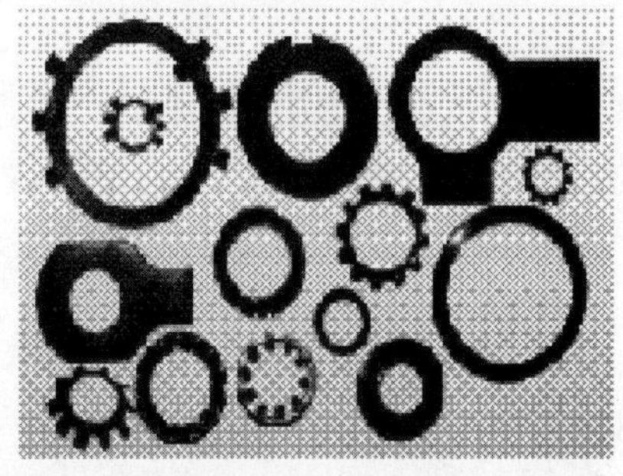

图 3-12 垫圈

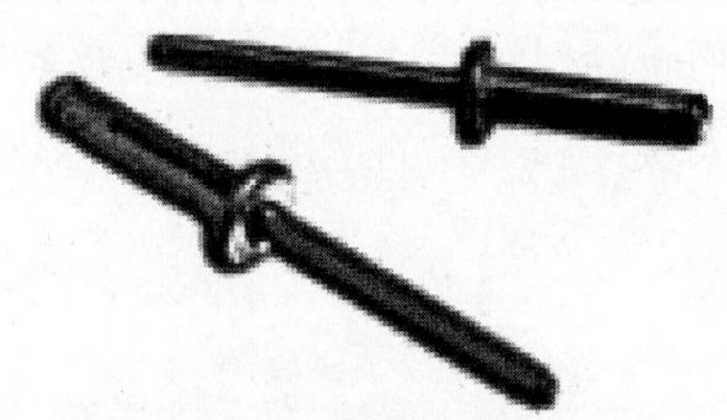

图 3-13 铆钉

知识链接三 常用的专用设备

1. 浸锡炉

浸焊是把已完成元器件安装的印制电路板浸入熔化状态的焊料液中，一次完成印制电路板上的焊接。

浸锡炉是在一般锡锅的基础上加焊锡滚动装置和温度调节装置构成的，是浸焊专用设备。自动浸锡炉如图 3-14 所示。

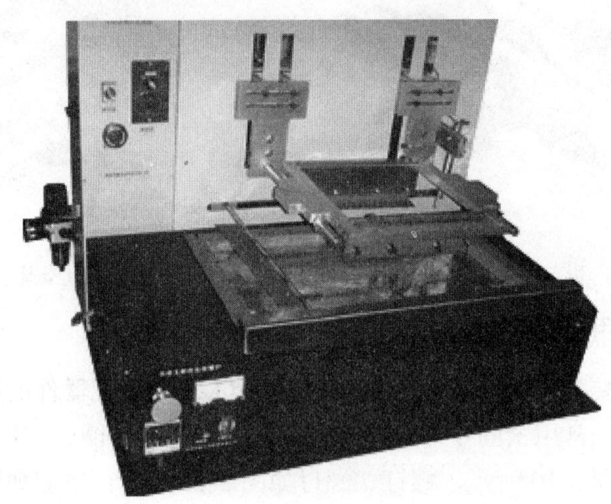

图 3-14　自动浸锡炉

☺ 想一想　浸锡炉有哪些用途呢？

浸锡炉既可用于对元器件引线、导线端头、焊片等进行浸锡，也适用于小批量印制电路板的焊接。由于锡锅内的焊料不停地滚动，增强了浸锡效果。

使用浸锡炉时要注意调整温度。锡锅一般设有加温档和保温档。开关置于加温档时，炉内两组电阻丝并联，温度较高，便于熔化焊料。当锅内焊料已充分熔化后，应及时转向保温档。此时电阻丝从并联改为串联，电炉温度不再继续升高，维持焊料的熔化，供浸锡用。

为了保证浸锡质量，应根据锅内焊料消耗情况，及时增添焊料，并及时清理锡渣和适当补充焊剂。

2. 波峰焊接机

☺ 想一想　什么是波峰焊呢？

如图 3-15 所示，波峰焊是将熔融的液态焊料，借助机械或电磁泵的作用，在焊料槽液面形成特定形状的焊料波峰，将插装了元器件的印制电路板置于传送链上，以某一特定的角度、一定的浸入深度和一定的速度穿过焊料波峰而实现逐点焊接的过程。波峰焊适于大批量生产。

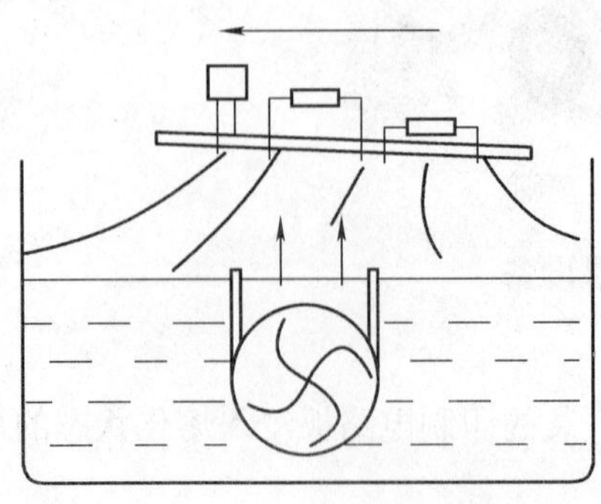

图 3-15　波峰焊示意图

【提示】波峰焊是自动焊接中较为理想的焊接方法，近年来发展较快，目前已成为印制电路板的主要焊接方法。

任务二　导线的加工

操作分析　导线加工

正确的导线加工，对提高生产率和保证装联工作的质量有着极其重要的作用。

1. 下料

按工艺文件中导线加工表中的要求，用斜口钳或下线机等工具对所需导线进行剪切。下料时应做到长度准、切口整齐、不损伤导线及绝缘皮（漆）。

2. 剥头

将绝缘导线的两端用剥线钳等工具去掉一段绝缘层而露出芯线的过程，称为剥头。剥头长度一般为 10～12mm。剥头时应做到绝缘层剥除整齐，芯线无损伤、断股等。

3. 捻头

对多股芯线，剥头后用镊子或捻头机把松散的芯线绞合整齐，称为捻头。捻头时应松紧适度（其螺旋角一般在 30°～40°），不卷曲，不断股。

4. 浸锡或搪锡

为了提高导线的焊接性，防止虚焊、假焊，要对导线进行浸锡或搪锡处理。浸锡或搪锡即把经前 3 步处理的导线剥头插入锡锅中浸锡或用电烙铁搪锡。

【提示】搪锡注意事项：绝缘导线经过剥头、捻头后应尽快浸锡；浸锡时应把剥头先浸助焊剂，再浸锡。浸锡时间 1～3s 为宜，浸锡后应立刻浸入酒精中散热，以防止绝缘层收缩或破裂。被浸锡的表面应光滑明亮，无拉尖和毛刺，焊料层薄厚均匀，无残渣和焊剂粘附。若需导线量很少，也可用电烙铁搪锡。

任务三　元器件引线加工

操作分析一　元器件引线的成形

为了便于安装和焊接元器件，在安装前，要根据其安装位置的特点及技术要求，预先把元器件引线弯曲成一定的形状，并进行搪锡处理。

元器件引线的折弯成形，应根据焊点间距做成需要的形状，图 3-16 所示为引线折弯的各种形状。图 3-16a、b、c 所示为卧式形状，图 3-16d、e 所示为立式形状。图 3-16a 可直接贴到印制电路板上；图 3-16b、d 则要求与印制电路板有 2～5mm 的距离，用于双面印制电路板或发热元器件；图 3-16c、e 引线较长，多用于焊接时怕热的元器件。

图 3-17 所示为晶体管和圆形外壳集成电路的引线成形要求。图 3-18 所示为扁平封装集成电路的引线成形要求，扁平封装集成电路的引线在出厂前已经加工成形，一般不需要再进行成形。

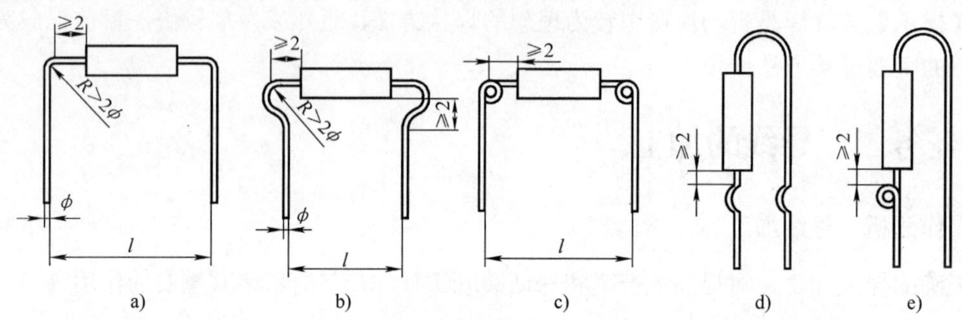

图 3-16 元器件引线的成形

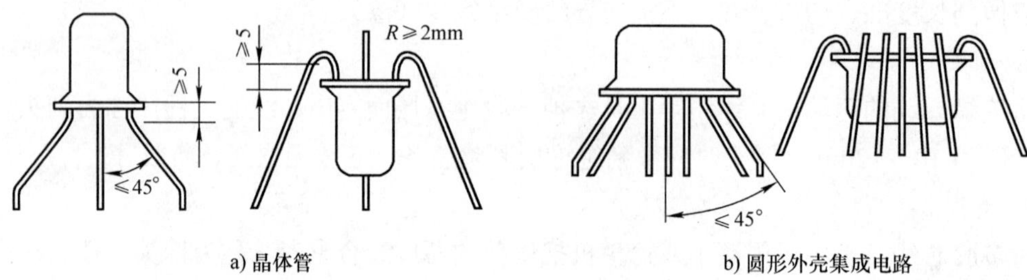

图 3-17 晶体管和圆形外壳集成电路的引线成形要求

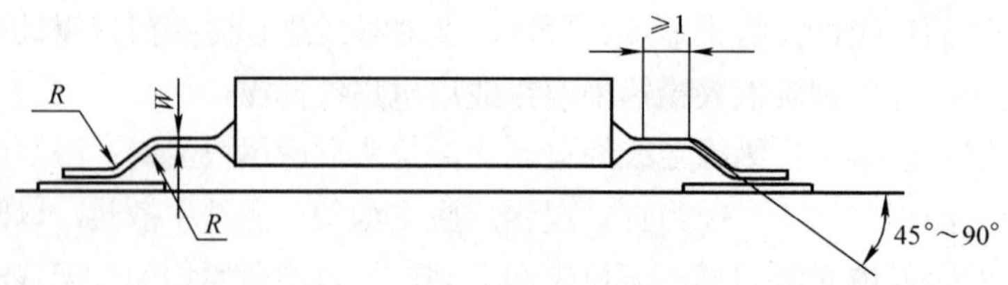

图 3-18 扁平封装集成电路的引线成形要求

操作分析二　元器件引线成形的技术要求

1）引线成形后，元器件本体不应产生破裂，表面封装不应损坏，引线弯曲部分不允许出现模印裂纹。

2）引线成形后其标称值应处于查看方便的位置，一般应位于元器件的上表面或外表面。

操作分析三　元器件引线的搪锡

因长期暴露于空气中存放的元器件的引线表面有氧化层，为提高其焊接性，必须做搪锡处理。

元器件引线在搪锡前可用刮刀或砂纸去除元器件引线的氧化层。注意不要划伤和折断引线。但对扁平封装的集成电路，则不能用刮刀，而只能用绘图橡皮轻擦清除氧化层，并应先成形，后搪锡。

操作分析四　元器件的插装形式

元器件的插装方法可分为手工插装和自动插装。不论采用哪种插装方法，其插装形式都可分为立式插装、卧式插装、倒立插装、横向插装和嵌入插装。

1. 卧式插装

卧式插装是将元器件紧贴印制电路板的板面水平放置，元器件与印制电路板之间的距离可视具体要求而定，如图 3-19 所示。

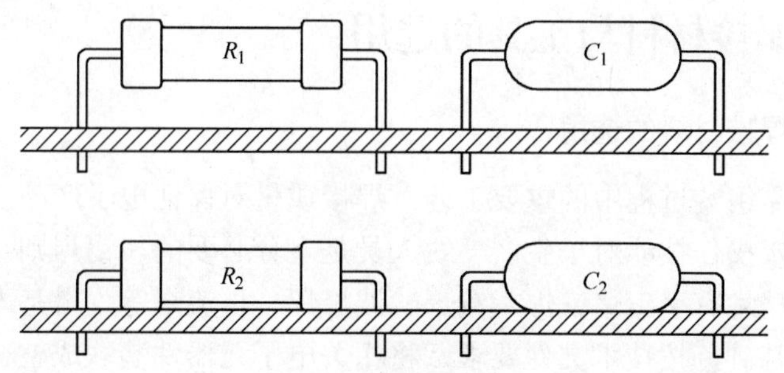

图 3-19　卧式插装

卧式插装的优点是元器件的重心低，比较牢固稳定，振动时不易脱落，更换时比较方便。由于元器件是水平放置，故节约了垂直空间。

2. 立式插装

立式插装是将元器件垂直插入印制电路板，如图 3-20 所示。

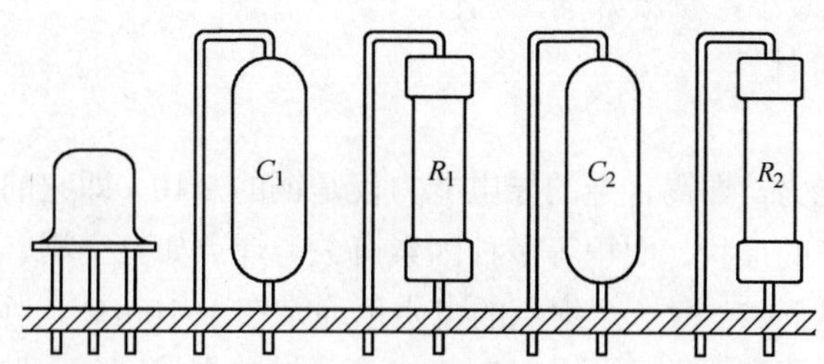

图 3-20　立式插装

立式插装的优点是插装密度大，占用印制电路板的面积小，插装与拆卸都比较方便。

3. 横向插装

横向插装如图 3-21 所示。它是将元器件先垂直插入印制电路板，然后将其朝水平方向弯曲。该插装形式适用于具有一定高度的元器件，以降低高度。

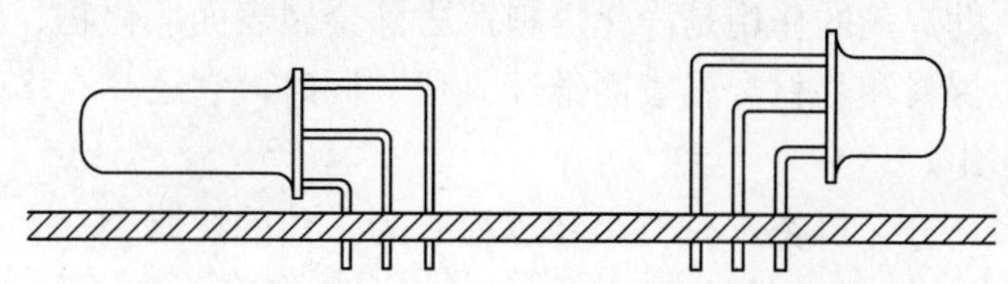

图 3-21　横向插装

项目四　手工焊接技能

任务一　焊接材料与工具的选用

知识链接一　焊接材料的选用

焊接是电子产品组装过程中的重要工艺。焊接质量对保证电子产品质量是至关重要的。因此，熟练掌握焊接操作技能对于生产一线人员是十分必要的。锡焊则是现代电路的基本装接技术。现代锡焊技术有手工烙铁焊、浸焊、波峰焊、再流焊等，最基本的为手工焊接。电子组装是以焊接为基础，按技术文件要求，将相关电子元器件装联成整机的过程。

一、焊料

一般采用锡铅合金，其中锡的质量分数约为63%，铅的质量分数约为37%。此种焊锡的特点是：

1）熔点较低，只有183℃。

2）机械强度最高。

3）流动性好，有最大的漫流面积。

4）凝固温度区间最小，有较好的工艺性。

二、焊锡合金的特性

1. 导电性能

相对于铜的导电能力，焊锡合金的导电能力仅是铜的1/10，即它的导电能力比较差。焊点的电阻值与电阻、焊点的形状、面积等多种因素有关。焊点如有空洞、深孔等缺陷，则电阻值就要明显变大。在室温下，一般一个焊点的电阻值通常在1~10mΩ。当有大电流流过焊接部分时，就必须考虑其电压降和发热。因此，对大电流通过的焊接部位，除了印制导线要加宽外，待焊接物件还应该绕焊。

2. 力学性能

在实际焊接中，即使不考虑焊接过程中所产生的缺陷（如空洞和气泡等）对强度的影响，焊点强度也经常出现问题。电子产品在实际工作中，由于焊点电阻的存在，而出现发热现象，在温度循环的情况下，焊点易出现蠕变和疲劳，这将极大地影响焊点的力学性能。

三、助焊剂

在焊接过程中，助焊剂的作用是净化焊料，去除金属表面氧化物、硫化物和其他污染，并防止在加热过程中焊料和基材金属表面继续氧化。同时，它还具有增强焊料与金属表面的活性，增加润湿的作用。

助焊剂种类很多，分无机类、有机类和以松香为主体的树脂类三大类。目前广泛使用松香类助焊剂。工业化生产中多用氢化松香。

四、阻焊剂

阻焊剂是一种耐高温的涂料。在焊接时可将不需要焊接的部位涂上阻焊剂保护起来，使焊接仅在需要焊接的焊盘上进行。阻焊剂广泛用于浸焊和波峰焊。

知识链接二　手工焊接工具——电烙铁的选用与维护

电烙铁是电子组装中最常用的工具之一。常用的电烙铁有内热式和外热式两类，以内热式居多。各类电烙铁中，又有普通电热丝式、感应式、恒温式、吸锡式和储能式等各种类型。

1. 内热式电烙铁

内热式电烙铁如图 4-1 所示。由于发热心子装在烙铁头里面，故称为内热式。心子是采用极细的镍铬电阻丝绕在瓷管上制成的，在外面套上耐高温绝缘管。烙铁头的一端是空心的，它套在心子外面，用弹簧夹来紧固。

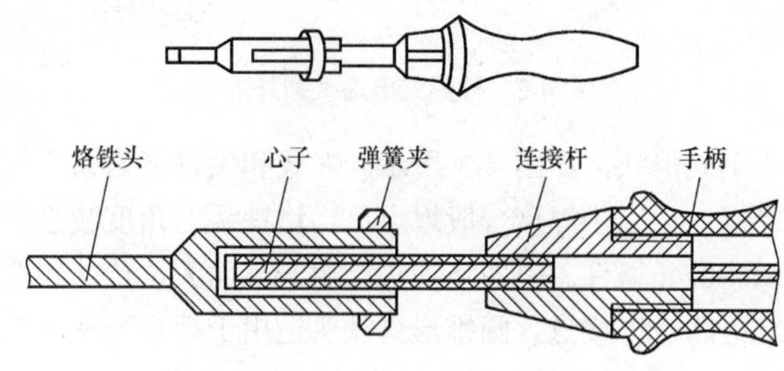

图 4-1　内热式电烙铁的外形

由于心子装在烙铁头内部，热量能完全传到烙铁头上，发热快，热量利用率高达 85%～90%，烙铁头部温度达 350℃左右。20W 内热式电烙铁的实用功率相当于 25～40W 的外热式电烙铁。内热式电烙铁具有体积小、重量轻、发热快和效率高等优点，因而得到广泛应用。

内热式电烙铁的使用注意事项与外热式电烙铁基本相同。由于其连接杆的管壁厚度只有 0.2mm，而且发热元件是用瓷管制成的，所以更应注意不要敲击，不要用钳子夹连接杆。

内热式电烙铁的烙铁头形状较复杂，不易加工。为延长其使用时间，可将烙铁头进行电镀，在纯铜表面镀以纯铁或镍。这种烙铁头的使用寿命比普通烙铁头高 10～20 倍，并且由于镀层耐焊锡的浸蚀，不易变形，能保持操作时所需的最佳形状。使用时，应始终保持烙铁头头部挂锡。

【提示】擦拭烙铁头要用浸水海绵或湿布，不得用砂纸或砂布打磨烙铁头，也不要用锉刀锉，以免破坏镀层，缩短使用寿命。若烙铁头不沾锡，可用松香助焊剂或 202 浸锡剂在浸锡槽中上锡。

2. 外热式电烙铁

外热式电烙铁的外形如图 4-2 所示，它由烙铁头、烙铁心、外壳、手柄、电源线和插头等部分组成。

电阻丝绕在薄云母片绝缘的圆筒上组成烙铁心，烙铁头安装在烙铁心里面，电阻丝通电后产生的热量传送到烙铁头上，使烙铁头温度升高，故称为外热式。

电烙铁的规格是用功率来表示的，常用的有 25W、75W 和 100W 等几种。功率越大，烙铁的热量越大，烙铁头的温度越高。在焊接印制电路板组件时，通常使用功率为 25W 的电烙铁。

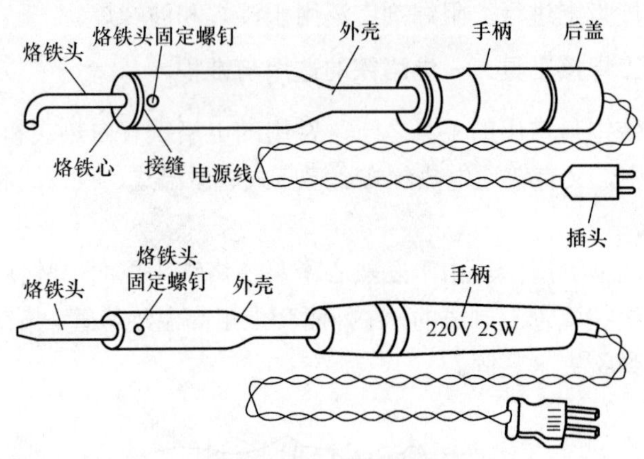

图 4-2 外热式电烙铁的外形

烙铁头可以加工成不同形状，如图 4-3 所示。凿式和尖锥形烙铁头的角度较大时，热量比较集中，温度下降较慢，适用于焊接一般焊点。当烙铁头的角度较小时，温度下降快，适用于焊接对温度比较敏感的元器件。斜面烙铁头，由于表面大，传热较快，适用于焊接布线不特别拥挤的单面印制电路板焊接点。圆锥形烙铁头适用于焊接高密度的线头、小孔及小而怕热的元器件。

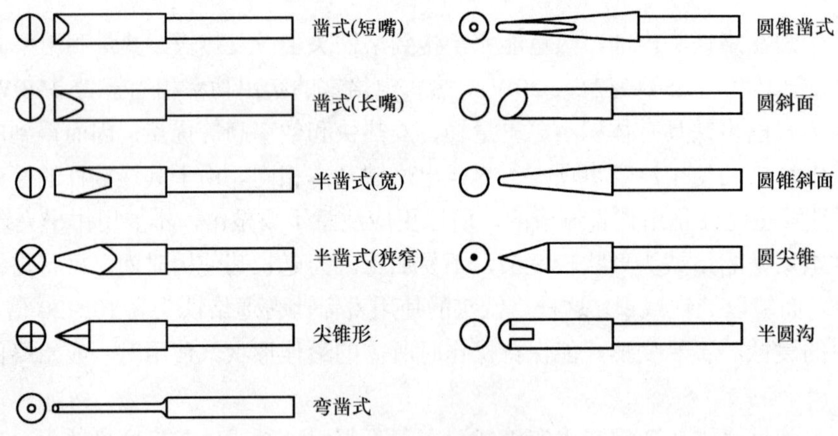

图 4-3 烙铁头的不同形状

烙铁头插入烙铁心的深度直接影响烙铁头的表面温度，一般焊接体积较大的物体时，烙铁头插得深些，焊接小而薄的物体时可浅些。

使用外热式电烙铁时应注意以下事项：

1）装配时必须用有三线的电源插头。一般电烙铁有 3 个接线柱，其中，一个与烙铁壳相通，是接地端；另两个与烙铁心相通，接 220V 交流电压。电烙铁的外壳与烙铁心是不接通的，如果接错就会造成烙铁外壳带电，人触及烙铁外壳就会触电；若用于焊接，还会损坏电路上的元器件。因此，在使用前或更换烙铁心时，必须检查电源线与地线的接头，防止接错。

2）烙铁头一般用纯铜制作，温度较高时容易氧化，在使用过程中其端部易被焊料浸蚀而失去原有形状，因此需要及时加以修整。初次使用或经过修整后的烙铁头，都必须及时挂锡，以利于提高电烙铁的焊接性和延长使用寿命。目前也有合金烙铁头，使用时切忌用锉刀修理。

3）使用过程中不能任意敲击，应轻拿轻放，以免损坏电烙铁内部的发热器件而影响其使用寿命。

4）电烙铁在使用一段时间后，应及时将烙铁头取出，去掉氧化物后再重新装配使用。这样可以避免烙铁心与烙铁头卡住而不能更换烙铁头。

3. 恒温电烙铁

目前使用的外热式和内热式电烙铁的烙铁头温度都超过 300℃，这对焊接晶体管集成块等是不利的，一是焊锡容易被氧化而造成虚焊；二是烙铁头的温度过高，若烙铁头与焊点接触时间长，就会造成元器件损坏。在要求较高的场合，通常采用恒温电烙铁。

恒温电烙铁有电控和磁控两种。电控恒温电烙铁是用热电偶作为传感元件来检测和控制烙铁头温度。

当烙铁头的温度低于规定数值时，温控装置就接通电源，对电烙铁加热，使温度上升；当达到预定温度时，温控装置则自动切断电源。

这样反复动作，使电烙铁基本保持恒定温度。磁控恒温电烙铁是在烙铁头上装一个强磁性体传感器，用于吸附磁性开关（控制加热器开关）中的永久磁铁来控制温度。

升温时，通过磁力作用，带动机械运动的触点，闭合加热器的控制开关，电烙铁被迅速加热；当烙铁头达到预定温度时，强磁性体传感器到达居里点（铁磁物质完全失去磁性的温度）而失去磁性，从而使磁性开关的触点断开，加热器断电，于是烙铁头的温度下降。

当温度下降至低于强磁性体传感器的居里点时，强磁性体恢复磁性，又继续给电烙铁供电加热。如此不断地循环，达到控制电烙铁温度的目的。

如果需要控制不同的温度，只需要更换烙铁头即可。因不同温度的烙铁头，装有不同规格的强磁性体传感器，其居里点不同，失磁温度各异。烙铁头的工作温度可在 260～450℃内任意选取。

恒温电烙铁示意图如图 4-4 所示。

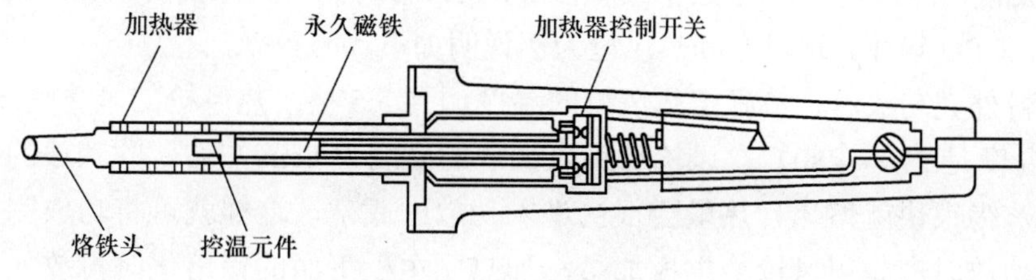

图 4-4 恒温电烙铁示意图

4. 热风拆焊台

850 热风拆焊台（图 4-5）是一种 SMD 贴片元件的拆焊、焊接工具，由气泵、线性电路板、气流稳定器、外壳、手柄组件组成。下面介绍一种简单判断 850 热风拆焊台性能好坏的方法。首先850热风拆焊台的外观工艺是重要的。好的850热风拆焊台外观工艺较好，酷似质量已得到用户首肯的白光850。其次是850热风拆焊台里外的工艺结构问题。有经验的经销商和维修人员在购买850热风拆焊台时总结出这几个特点：性能较好的850热风拆焊台采用850原装气泵，具有噪声小、气流稳定的特点，而且风流量较大，一般为27L/min；NEC组成的原装线性电路板，使调节符合标准温度（气流调整曲线），从而获得均匀稳定的热量、风量；手柄组件采用消除静电材料PPS.Si-PIPE制造，可以有效地防止静电干扰；脉冲起动会令850热风拆焊台的性能更加稳定、可靠。

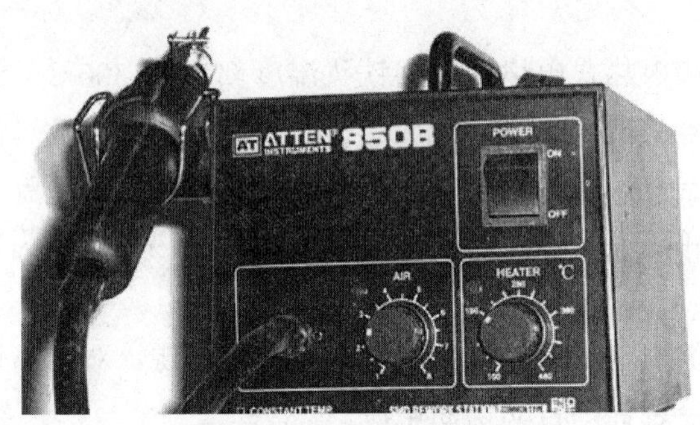

图 4-5　热风拆焊台

操作分析一　电烙铁的使用和维护要点

为了能够顺利而安全地进行焊接操作及延长电烙铁的使用寿命，应当正确使用和维护电烙铁，要点如下：

1）合理使用烙铁头。初次使用的电烙铁要先将烙铁头浸上一层锡。焊接时要使用松香或无腐蚀的焊剂。擦拭烙铁头要用浸水海绵或湿布。不要用砂纸或锉刀打磨烙铁头。焊接结束后，不要擦去烙铁头留下的焊料。

2）电烙铁外壳要接地。长时间不用时，应切断电源。定期检查电源是否拉脱或短路。

3）要经常清理外（旁）热式电烙铁壳体内的氧化物，防止烙铁头卡死在壳体内。

操作分析二　热风枪使用经验

维修时要使用热风枪，正确使用热风枪可节约维修时间。如果使用不当，就可能将功放吹坏或变形、CPU损坏。现以850热风枪为例说明如下。

在吹塑料外壳功放时，最好把热风枪的温度调到5.5格，热风枪的风量刻度调到6.5～7格，实际温度是270～280℃，风枪嘴距离功放的高度为8cm左右。吹功放的四边（因为金属导热快，锡很快就熔化）热量会很快进入功放的底部，这样就可将功放完好无损地取下。焊入新功放时应先用风枪给主板加热，加热到主板下面的锡熔化时再放入功放，吹功放的四边即可。

吹CPU时应把热风枪的枪嘴去掉，热风枪的温度调到6格，风量刻度调到7～8格，实际温度是280～290℃，热风枪嘴距离CPU的高度为8cm左右。然后用热风枪斜着吹CPU四边，尽量把热风吹进CPU下面，这样即可完好无损地取下CPU。

吹焊CPU时常会出现短路，更换新CPU或其他BGA封装IC时有时也会出现短路现象，可在吹焊 CPU 或其他 BGA 封装 IC 时，应对 IC 位置主板下方清洗干净再涂上助焊剂，IC 也同样清洗干净，还要注意 IC 在主板的位置一定要准确，使用热风枪风量要小，温度应为 270～280℃。在吹焊 IC 时还应注意锡球的大小。锡球太大，吹焊时应使 IC 活动范围小些，这样 IC 下面的锡球就不容易粘到一起造成短路；若锡球较小，活动范围可大些。

接主板断线或掉点时，可以使用绿油、耐热胶、101 胶、502 胶等固定。用胶固定是一个好办法，无论断多少线和掉多少点，即使飞线，也可一次完成。

此外还应注意，主板上不要涂助焊剂，而应在 CPU 上涂助焊剂。开始接线时要用吸锡线把主板 CPU 处多余的锡吸净再接线，这样就不会出现凹凸不平的现象，定位更容易。定好位后，焊接时不要用任何工具固定 CPU，CPU 下面的锡熔化后若有微小的移动，如果能看出来就说明失败，如果在焊接时看不出 CPU 移动，那就表示成功了。

任务二　手工焊接基本技能

知识链接一　手工焊接的要求

通常可以看到这样一种焊接操作法，即先用烙铁头沾上一些焊锡，然后将电烙铁放到焊点上停留等待加热后焊锡润湿焊件。应注意，这不是正确的操作方法。虽然这样也可以将焊件焊起来，但却不能保证质量。

当把焊锡熔化到烙铁头上时，焊锡丝中的焊剂附在焊料表面，由于烙铁头温度一般都在 250～350℃，在电烙铁放到焊点上之前，松香焊剂不断挥发，而当电烙铁放到焊点上时，由于焊件温度低，加热还需一段时间，在此期间焊剂很可能挥发大半甚至完全挥发，因而在润湿过程中会由于缺少焊剂而润湿不良。

同时，由于焊料和焊件温度差得多，结合层不容易形成，很容易虚焊。并且由于焊剂的保护作用丧失后焊料容易氧化，焊接质量也得不到保证。

1. 焊接点要保证良好的导电性能

虚焊指焊料与被焊物表面没有形成合金结构，只是简单地依附在被焊金属的表面上，如图 4-6 所示。为使焊点具有良好的导电性能，必须防止虚焊。

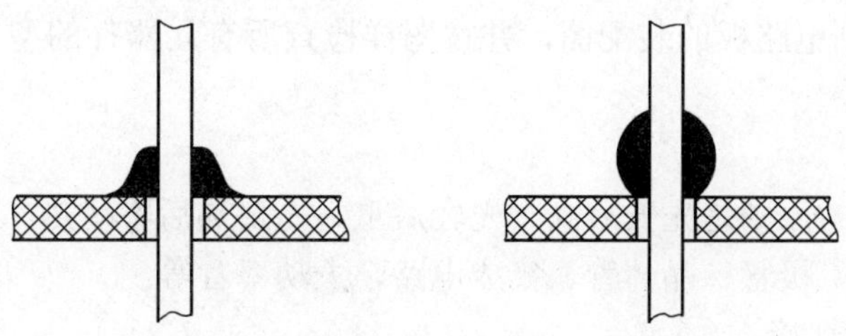

图 4-6　与电路板浸润不好形成的虚焊

虚焊用仪表测量很难发现，但却会使产品质量大打折扣，以致出现产品质量问题，因此在焊接时应杜绝产生虚焊。

2. 焊接点要有足够的机械强度

焊点要有足够的机械强度，以保证被焊件在受到振动或冲击时不至于脱落、松动。

为提高焊接强度，引线穿过焊盘后可进行相应的处理，一般采用三种方式，如图 4-7 所示。其中图 4-7a 所示为直插式，这种处理方式的机械强度较小，但拆焊方便；图 4-7b 所示为打弯处理方式，所弯角度为 45° 左右，其焊点具有一定的机械强度；图 4-7c 所示为完全打弯处理方式，所弯角度为 90° 左右，这种形式的焊点具有很高的机械强度，但拆焊比较困难。

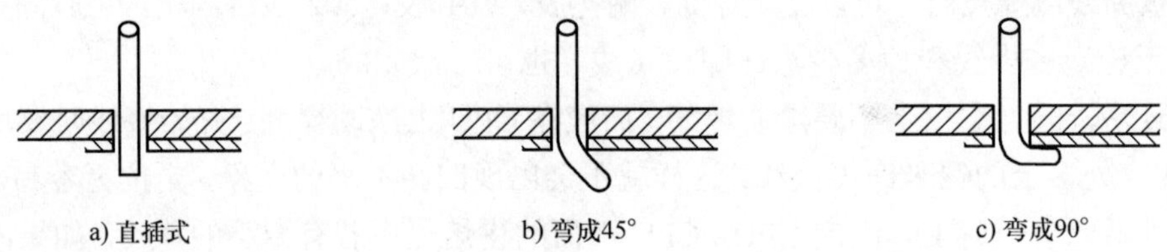

图 4-7 引线穿过焊盘后的处理方式

3. 焊点表面要光滑、清洁

为使焊点表面光滑、清洁、整齐，不但要有熟练的焊接技能，而且还要选择合适的焊料和焊剂。焊点不光洁表现为焊点出现粗糙、拉尖、棱角等现象。

4. 焊点不能出现搭接、短路现象

如果两个焊点很近，很容易造成搭接、短路的现象，因此在焊接和检查时，应特别注意这些地方。

知识链接二 印制电路板焊接技能

印制电路板的装焊在整个电子产品的制造中处于核心地位，可以说，一部整机产品的“精华”部分都装在印制电路板上，其质量对整机产品的影响是不言而喻的。尽管在现代生产中印制电路板的装焊已经日臻完善，实现了自动化，但在产品研制、维修领域主要还是手工操作，且手工操作经验也是自动化获得成功的基础。

1. 焊接前的准备

1）焊接前要将被焊元器件的引线进行清洁和预挂锡。

2）清洁印制电路板的表面，主要是去除氧化层、检查焊盘和印制导线是否有缺陷和短路点等不足。同时还要检查电烙铁能否吃锡，如果吃锡不良，应进行去除氧化层和预挂锡工作。

3）熟悉相关印制电路板的装配图，并按图样检查所有元器件的型号、规格及数量是否符合图样的要求。

2. 装焊顺序

元器件装焊顺序的原则是先低后高、先轻后重、先耐热后不耐热。一般的装焊顺序依次是电阻器、电容器、二极管、晶体管、集成电路、大功率管等。

3. 常见元器件的焊接

（1）电阻器的焊接　按图样要求将电阻器插入规定位置，插入孔位时要注意，字符标注的电阻器的标称字符要向上（卧式）或向外（立式），色码电阻器的色环顺序应朝一个方向，以方便读取。插装时可按图样标号顺序依次装入，也可按单元电路装入，依具体情况而定，然后就可对电阻器进行焊接。

（2）电容器的焊接　将电容器按图样要求装入规定位置，并注意有极性电容器的阴、阳极不能接错，电容器上的标称值要容易看见。可先装玻璃釉电容器、金属膜电容器、瓷介电容器，最后装电解电容器。

（3）二极管的焊接　将二极管辨认正、负极后按要求装入规定位置，型号及标记要向上或朝外。对于立式安装二极管，其最短的引线焊接要注意焊接时间不要超过 2s，以避免温升过高而损坏二极管。

（4）晶体管的焊接 按要求将 e、b、c 三个引脚插入相应孔位，焊接时应尽量缩短焊接时间，并可用镊子夹住引脚，以帮助散热。焊接大功率晶体管，若需要加装散热片，应将散热片的接触面加以平整，打磨光滑，涂上硅脂后再紧固，以加大接触面积。要注意，有的散热片与管壳间需要加垫绝缘薄膜片。引脚与印制电路板上的焊点需要进行导线连接时，应尽量采用绝缘导线。

（5）集成电路的焊接　将集成电路按照要求装入印制电路板的相应位置，并按图样要求进一步检查集成电路的型号、引脚位置是否符合要求，确保无误后便可进行焊接。焊接时应先焊接 4 个角的引脚，使之固定，然后再依次逐个焊接。

4. 焊接注意事项

焊接印制电路板时，除应遵循锡焊要领外，还要注意以下几点。

（1）电烙铁　一般应选内热式（20～35W）电烙铁或调温式电烙铁，电烙铁的温度以不超过 300℃为宜。烙铁头形状应根据印制电路板焊盘大小采用凿形或锥形。目前印制电路板的发展趋势是小型密集化，因此一般常用小型圆锥烙铁头。

（2）加热方法　加热时应尽量使烙铁头同时接触印制电路板上的铜箔和元器件引线。对较大的焊盘（直径大于 5mm），焊接时可移动电烙铁，即电烙铁绕焊盘转动，以免长时间停留于一点，导致局部过热，如图 4-8 所示。

（3）金属化孔的焊接　两层以上印制电路板的孔都要进行金属化处理。焊接时不仅要让焊料润湿焊盘，而且孔内也要润湿填充，如图 4-9 所示。因此，金属化孔的加热时间长于单层面板。

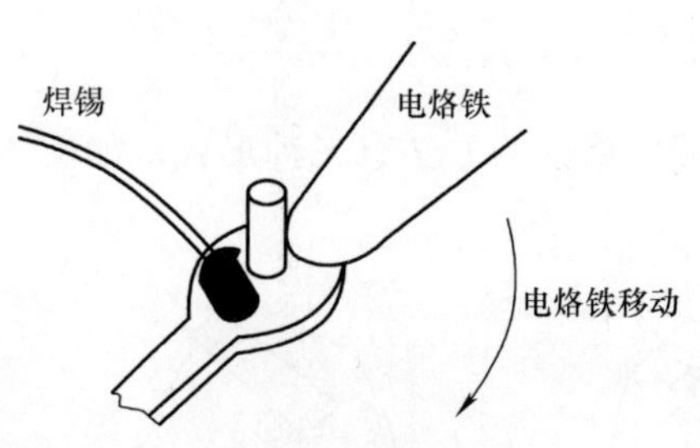

图 4-8　大焊盘电烙铁焊接

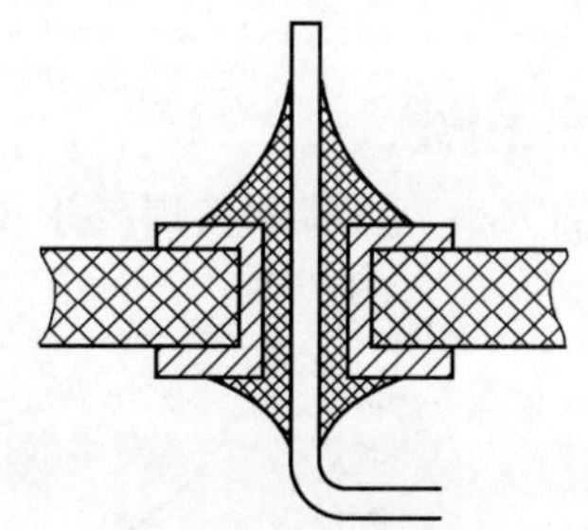

图 4-9　金属化孔的焊接

注意：焊接时不要用烙铁头摩擦焊盘的方法增强焊料润湿性能，而要靠表面清理和预焊。

5. 导线的焊接

导线的焊接在电子产品装配中占有重要的位置。实践中发现，在出现故障的电子产品中，导线焊点的失效率高于印制电路板，所以有必要对导线的焊接工艺给予特别的重视。

预焊在导线的焊接中是关键的步骤，尤其是多股导线，如果没有预焊的处理，焊接质量很难保证。导线的预焊又称为挂锡，其方法与元器件引线预焊方法一样，需要注意的是，导线挂锡时要边上锡边旋转。良好的镀层如图 4-10 所示。

图 4-10　良好的镀层

操作分析一　手工焊接操作要领

虽然电子产品中广泛使用了自动焊接设备，但是在企业，仍然没有一种方法可以完全不用手工焊接。因此手工焊接技术仍是一线技术人员必备的生产技能。同时手工焊接的操作技术也是理解、体会其他焊接技术的基础。

一、焊锡的手法

1. 焊锡丝的拿法

经常使用电烙铁进行焊锡的人，都是把成卷的焊锡丝拉直，然后截成一尺长左右的一段。在连续进行锡焊时，焊锡丝的拿法应该像图 4-11a 那样，即用左手的拇指、食指和小指夹持焊锡丝，用另外两个手指配合就能把焊锡丝连续向前送进，若不是连续锡焊，焊锡丝的拿法也可以采用其他形式，如图 4-11b 所示。

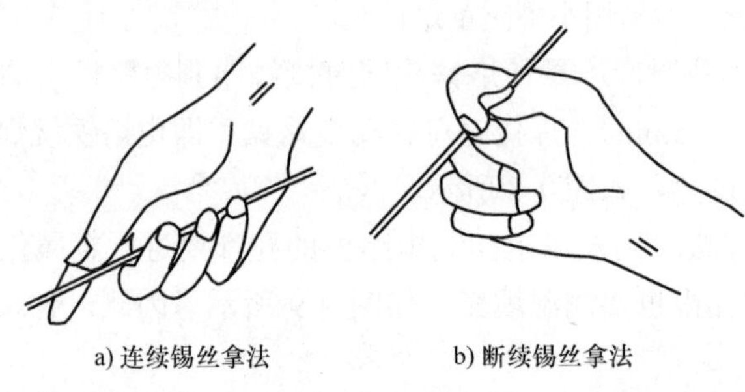

a) 连续锡丝拿法　　b) 断续锡丝拿法

图 4-11　焊锡丝的拿法

2. 电烙铁的握法

根据铁的大小、形状和被焊要求不同，握电烙铁的方法有三种形式，如图 4-12 所示。

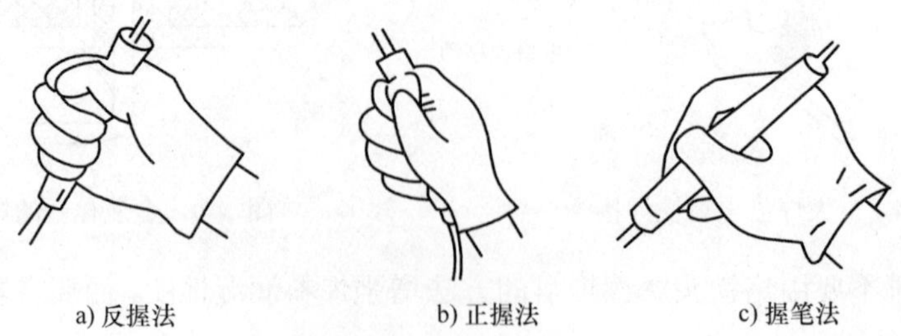

a) 反握法　　b) 正握法　　c) 握笔法

图 4-12　电烙铁的握法

图 4-12a 所示为反握法，这种方法焊接时动作稳定，长时间操作手也不感到疲劳。它适

用于大功率的电烙铁和热容量大的被焊件。

图 4-12b 所示为正握法，这种方法适用于弯头电焊铁操作或直烙铁头机架上焊接互连导线。

图 4-12c 为握笔法，这种握电烙铁的方法就像写字时手拿笔一样。这种方法易于掌握，但手容易疲劳，烙铁头易出现抖动现象。它适合于小功率和热容量小的被焊件。

二、焊接的操作要领

（1）焊前准备

1）根据被焊件的大小，准备好电烙铁、镊子、剪刀、斜口钳、尖嘴钳、焊剂等工具。

2）焊前要将元器件引线刮净，最好是先挂锡再焊。对被焊件表面的氧化物、锈斑、油污、灰尘、杂质等要清理干净。

（2）焊剂要适量　使用焊剂的量要根据被焊面积的大小和表面状态适量施用。用量过少会影响焊接质量，用量过多会造成焊后焊点周围出现残渣，使印制电路板的绝缘性能下降，同时还可能造成对元器件和印制电路板的腐蚀。合适的焊剂量标准既能润湿被焊物的引线和焊盘，又不让焊剂流到引线插孔中和焊点的周围。

（3）焊接的温度和时间要掌握好　在焊接时，为使被焊件达到适当的温度，并使固体焊料迅速熔化润湿，就要有足够的热量和温度。如果温度过低，焊锡流动性差，很容易凝固，形成虚焊；如果温度过高，将使焊锡流淌，焊点不易存锡，焊剂分解速度加快，使金属表面加速氧化，并导致印制电路板上的焊盘脱落。

特别值得注意的是，当使用天然松香焊剂且锡焊温度过高时，很容易使锡焊的时间随被焊件的形状、大小不同而有所差别，但总的原则是看被焊件是否完全被焊料所润湿（焊料的扩散范围达到要求后）。通常情况下，烙铁头与焊点的接触时间以使焊点光亮、圆滑为宜。如果焊点不亮并形成粗糙面，说明温度不够，时间太短，此时需要提高焊接温度，只要将烙铁头继续放在焊点上多停留些时间即可。

操作分析二　手工焊接操作步骤

用电烙铁进行手工焊接时，对热容量大的焊件，常采用五步操作法（图 4-13）；对热容量小的焊件则采用三步操作法。

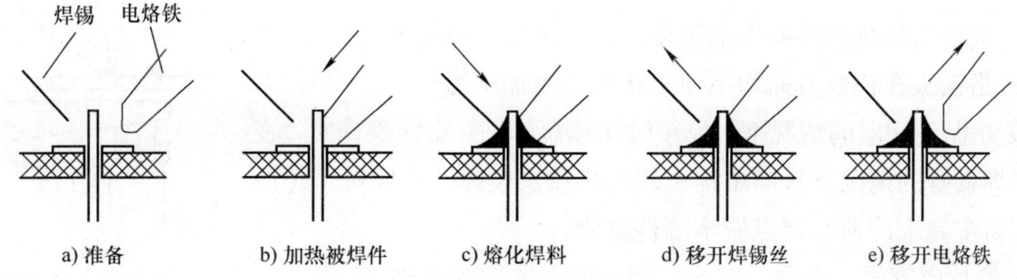

图 4-13　手工焊接五步操作法

（1）准备　首先把焊件、焊锡丝和电烙铁准备好，处于随时可焊状态。也就是说左手拿焊锡丝，右手握住已经过上锡的电烙铁（烙铁头被加热后，在一块蘸上水的泡沫塑料上轻轻地擦拭，以除去烙铁头上的氧化物残渣，然后把少量的焊料和助焊剂加到清洁的电烙铁上），做好随时可以焊接状态。

（2）加热被焊件　把烙铁头放在接线端子和引线上进行加热。

（3）熔化焊料　焊件经过加热到达一定温度后，立即将左手中的焊锡丝触到焊件上熔化适量的焊料，焊锡应加到焊件上烙铁头对称的一侧，而不是直接加到烙铁头上。

（4）移开焊锡丝　当焊锡丝熔化一定量（焊料不能太多）之后，迅速移开焊锡丝。

（5）移开电烙铁　当焊锡丝的扩散范围达到要求后移开电烙铁。撤离电烙铁的方向和速度的快慢与焊接质量有关，操作时应特别注意，一般情况下，沿 45° 方向撤离电烙铁。移开电烙铁后，焊点不要移动受力。

上述过程对一般焊点而言，大约需要两三秒钟。对于热容量较小的焊点，例如印制电路板上的小焊盘，有时用三步法概括操作方法，即将上述步骤（2）、（3）合为一步，（4）、（5）合为一步。实际上细微区分还是五步，所以五步法具有普遍性，是掌握手工焊接的基本方法。

【提示】各步骤之间停留的时间对保证焊接质量至关重要，只有通过实践才能逐步掌握。

操作分析三　易损元器件的焊接

1. 铸塑元器件的锡焊

各种有机材料，包括有机玻璃、聚氯乙烯、聚乙烯、酚醛树脂等材料，现在已被广泛用于电子元器件的制造，例如各种开关、插接件等。这些元器件都是采用热铸塑方式制成的，它们的最大弱点就是不能承受高温。

当对铸塑在有机材料中的导体的接点施焊时，如不注意控制加热时间，极容易造成塑性变形，导致元器件失效或降低性能，造成隐性故障。因此，这类元器件在焊接时必须注意以下几点：

1）在元器件预处理时，尽量清理好接点，一次镀锡成功，不要反复镀，尤其将元器件在锡锅中浸镀时，更要掌握好浸入深度及时间。

2）焊接时，烙铁头要修整得尖一些，焊接一个接点时不能碰相邻接点。

3）镀锡及焊接时加助焊剂量要少，防止侵入电接触点。

4）烙铁头在任何方向均不要对接线片施加压力。

5）在保证润湿的情况下，焊接时间越短越好。实际操作时，在焊件预焊良好的情况下只需用挂上锡的烙铁头轻轻一点即可。焊后不要在铸塑壳未冷前对焊点做牢固性试验。

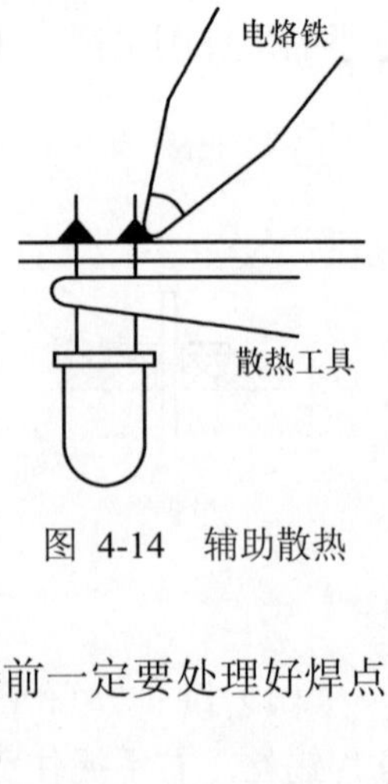

电烙铁

散热工具

图 4-14　辅助散热

2. 瓷片电容器、中周、发光二极管等元器件的焊接

这类元器件的共同弱点是加热时间过长就会失效，其中瓷片电容器、中周等元器件是内部接点开焊，发光二极管则是管心损坏。焊接前一定要处理好焊点，施焊时强调速度快。采用辅助散热措施（见图 4-14）可避免过热失效。

任务三 焊接质量的鉴别与拆焊技术

知识链接 焊点的要求及外观检查

一、目视检查

目视检查（可借助放大镜、显微镜观察）就是从外观上检查焊接质量是否合格，也就是从外观上评价焊点有什么缺陷。目视检查主要有以下内容：

1）是否有漏焊，漏焊指应该焊接的焊点没有焊上。

2）焊点的光泽好不好。

3）焊点的焊料足不足。

4）焊点周围是否有残留的焊剂。

5）有没有连焊。

6）焊盘有没有脱落。

7）焊点有没有裂纹。

8）焊点是不是凹凸不平。

9）焊点是否有拉尖现象。

图 4-15 所示为正确的焊点形状，其中图 4-15a 所示为直插式焊点形状，图 4-15b 所示为半打弯式焊点形状。

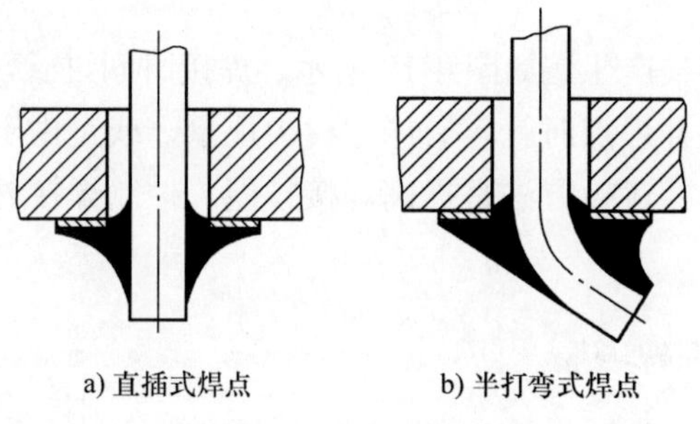

图 4-15 正确的焊点形状

二、手触检查

手触检查主要有以下内容：

1）用手指触摸元器件时，有无松动和焊接不牢的现象。

2）用镊子夹住元器件引线轻轻拉动时，有无松动现象。

3）焊点在摇动时，上面的焊锡是否有脱落现象。

操作分析一 常见焊点缺陷分析

焊接是电子产品制造中最主要的一个环节，在焊接结束后，为保证焊接质量，都要进行质量检查。由于焊接检查与其他生产工序不同，没有一种机械化、自动化的检查测量方法，因此主要是通过目视检查和手触检查发现问题。一个虚焊点就能造成整台仪器的失灵，要在一台有成千上万个焊点的设备中找出虚焊点是非常困难的。

1. 桥接

桥接指焊料将印制电路板中相邻的印制导线及焊盘连接起来的现象。明显的桥接较易发现，但细小的桥接用目视法是较难发现的，往往要通过仪器的检测才能显示出来。

明显的桥接是由于焊料过多或焊接技术不良造成的。当焊接的时间过长使焊料的温度过高时，将使焊料流动而与相邻的印制导线相连，以及电烙铁离开焊点的角度过小都容易造成桥接。

对于毛细状的桥接，可能是由于印制电路板的印制导线有毛刺或残余的金属丝等，在焊接过程中起到了连接的作用而造成的，如图 4-16 所示。

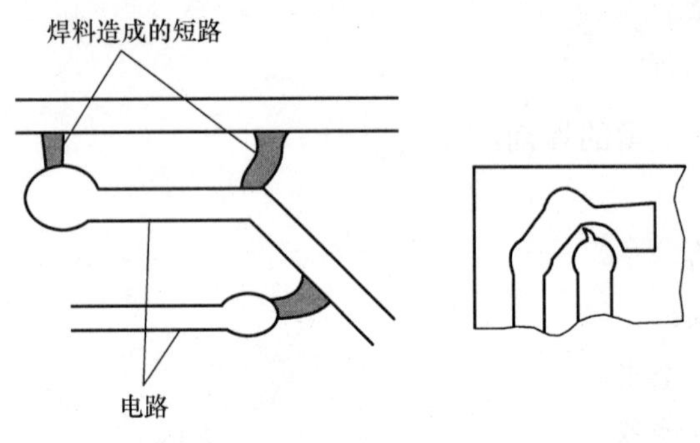

图 4-16　桥接

处理桥接的方法是将电烙铁上的焊料抖掉，再将桥接的多余焊料带走，断开短路部分。

2. 拉尖

拉尖指焊点上有焊料尖产生，如图 4-17 所示。焊接时间过长，焊剂分解挥发过多，使焊料黏性增加，当电烙铁离开焊点时就容易产生拉尖现象，或是由于电烙铁撤离方向不当，也可产生焊料拉尖。最根本的避免方法是提高焊接技能，控制焊接时间。对于已造成拉尖的焊点，应进行重焊。

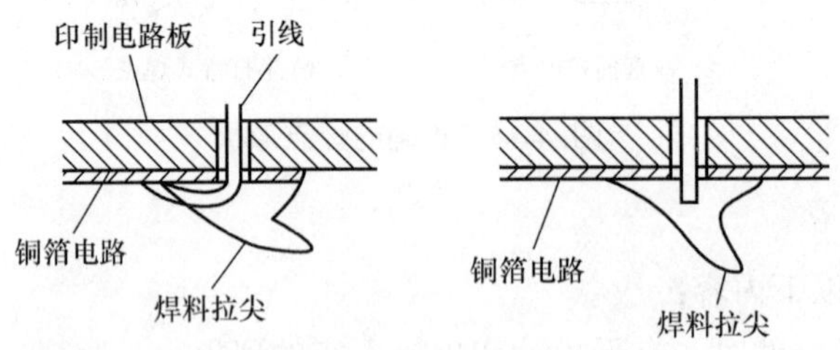

图 4-17　拉尖

焊料拉尖如果超过了允许的引出长度，将造成绝缘距离变小，尤其是对高压电路，将造成打火现象。因此对这种缺陷要加以修整。

3. 堆焊

堆焊指焊点的焊料过多，外形轮廓不清，甚至根本看不出焊点的形状，而焊料又没有布满被焊物引线和焊盘，如图 4-18 所示。

造成堆焊的原因是焊料过多，或者是焊料的温度过低，焊料没有完全熔化，焊点加热不均匀，以及焊盘、引线不能润湿等。

避免堆焊形成的办法是彻底清洁焊盘和引线，适量控制焊料，增加助焊剂，或提高电烙铁功率。

4. 空洞

空洞是由于焊盘的穿线孔太大、焊料不足，致使焊料没有全部填满印制电路板插件孔而形成的。除上述原因以外，如印制电路板焊盘开孔位置偏离了焊盘中点，或孔径过大，或孔周围焊盘氧化、脏污、预处理不良，都将造成空洞现象，如图 4-19 所示。出现空洞后，应根据空洞出现的原因分别予以处理。

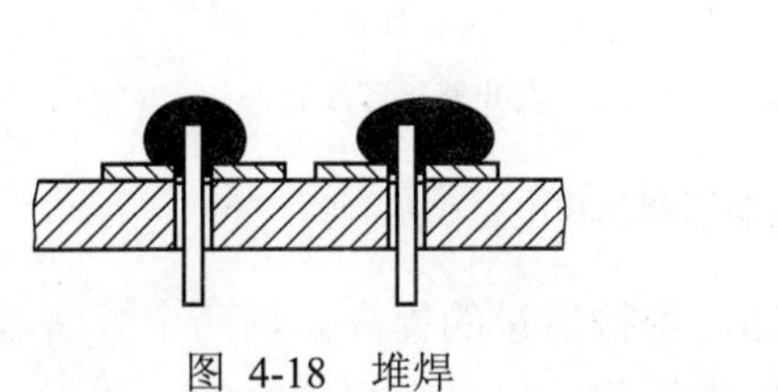

图 4-18　堆焊

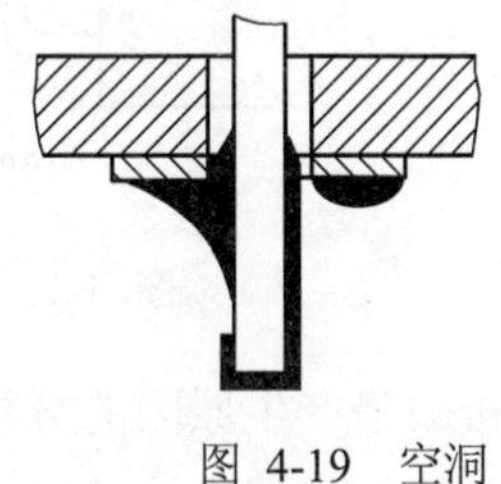

图 4-19　空洞

5. 浮焊

浮焊的焊点不具有正常焊点光泽且不圆滑，而是呈白色细粒状，表面凹凸不平。造成的原因是电烙铁温度不够，或焊接时间太短，或焊料中杂质太多。浮焊的焊点机械强度较弱，焊料容易脱落。出现该种焊点时，应进行重焊。重焊时应提高电烙铁温度，或延长电烙铁在焊点上的停留时间，也可更换熔点低的焊料重新焊接。

6. 虚焊

虚焊（假焊）就是指焊锡简单地依附在被焊物的表面上，没有与被焊接的金属紧密结合，形成金属合金。从外形上看，虚焊的焊点几乎是焊接良好，但实际上是松动的，或电阻很大甚至没有连接。由于虚焊是较易出现的故障，且不易被发现，因此要严格遵守焊接程序，提高焊接技能，尽量减少虚焊的出现。

造成虚焊的原因：一是焊盘、元器件引线上有氧化层、油污和污物，在焊接时没有被清洁或清洁不彻底而造成焊锡与被焊物的隔离，因而产生虚焊；二是由于在焊接时焊点上的温度较低，热量不够，使助焊剂未能充分发挥，致使被焊面上形成一层松香薄膜，这样造成焊料的润湿不良，便会出现虚焊，如图 4-20 所示。

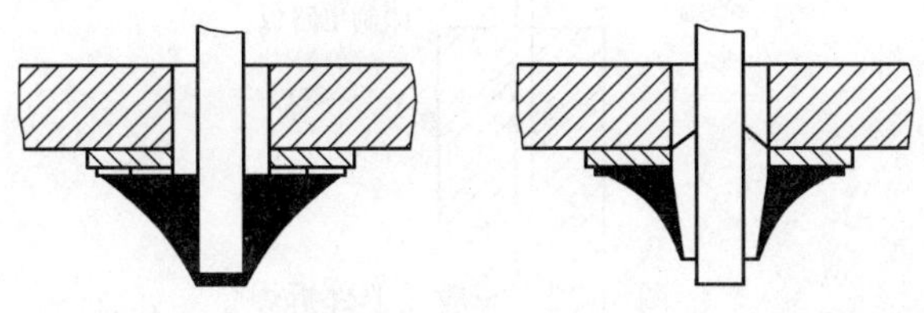

图 4-20　虚焊

7. 焊料裂纹

焊点上焊料产生裂纹，主要是由于在焊料凝固时，移动了元器件引线位置而造成的。

8．铜箔翘起和焊盘脱落

铜箔从印制电路板上翘起，甚至脱落，如图 4-21 所示。主要原因是焊接温度过高，焊接时间过长。另外，维修过程中拆除和重插元器件时，由于操作不当，也会造成焊盘脱落。有时元器件过重而没有固定好，不断晃动也会造成焊盘脱落。

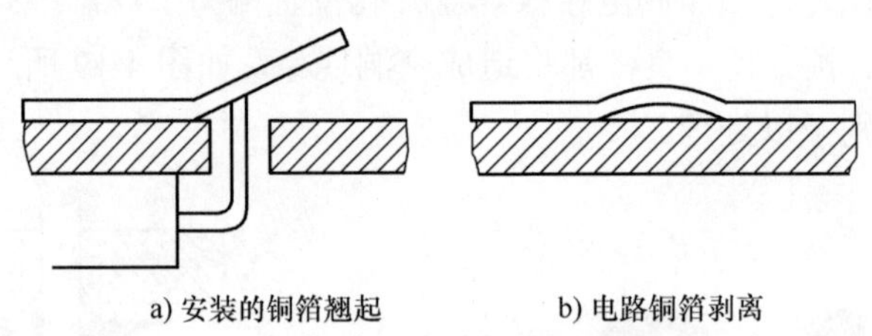

a) 安装的铜箔翘起　　b) 电路铜箔剥离

图 4-21　安装的铜箔翘起和电路铜箔剥离

从上面焊接缺陷产生原因的分析中可知，焊接质量的提高要从两个方面着手：

第一，要熟练地掌握焊接技能，准确地掌握焊接温度和焊接时间，使用适量的焊料和焊剂，认真对待焊接过程中的每一步骤。

第二，要保证被焊物表面的焊接性，必要时采取涂敷浸锡措施。

操作分析二　拆焊技能

在调试和维修中常需要更换一些元器件，如果方法不得当，就会破坏印制电路板，也会使并没失效的元器件换下而无法重新使用。

一般像电阻器、电容器、晶体管等引脚不多，且每个引线可相对活动的元器件，可用电烙铁直接拆焊。如图 4-22 所示，将印制电路板竖起来夹住，一边用电烙铁加热待拆元器件的焊点，一边用镊子或尖嘴钳夹住元器件引线轻轻拉出。

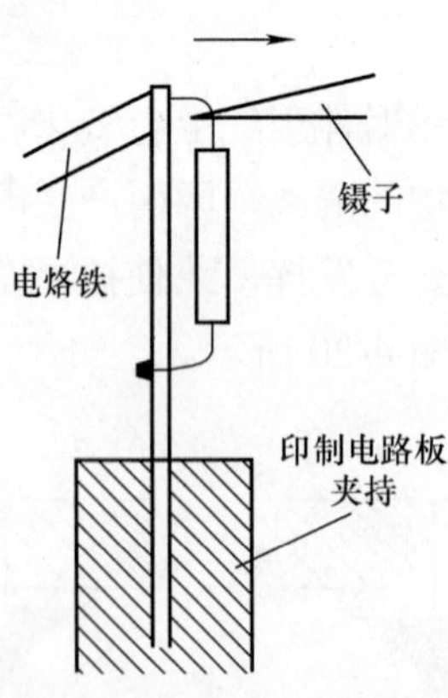

图 4-22　一般元器件拆焊

重新焊接时，需先用锥子将焊孔在加热熔化焊锡的情况下扎通。需要指出的是，这种方法不宜在一个焊点上多次使用，因为印制导线和焊盘经反复加热后很容易脱落，造成印制电路板损坏。

当需要拆下多个焊点且引线较硬的元器件时，以上方法就不可行，下面介绍几种拆焊方法。

1. 选用合适的医用空芯针头拆焊

将医用针头用钢锉锉平，作为拆焊的工具，具体方法是：一边用电烙铁熔化焊点，一边把针头套在被焊的元器件引线上，直至焊点熔化后，将针头迅速插入印制电路板的孔内，使元器件的引线与印制电路板的焊盘脱开，如图 4-23 所示。

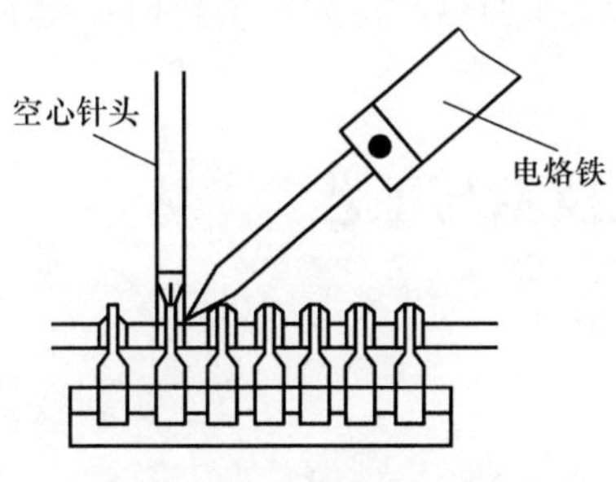

图 4-23　用空芯针头拆焊

2. 用气囊吸锡器进行拆焊

将被拆的焊点加热，使焊料熔化，再把吸锡器挤瘪，将吸嘴对准熔化的焊料，然后放松吸锡器，焊料就被吸进吸锡器内，如图 4-24 所示。

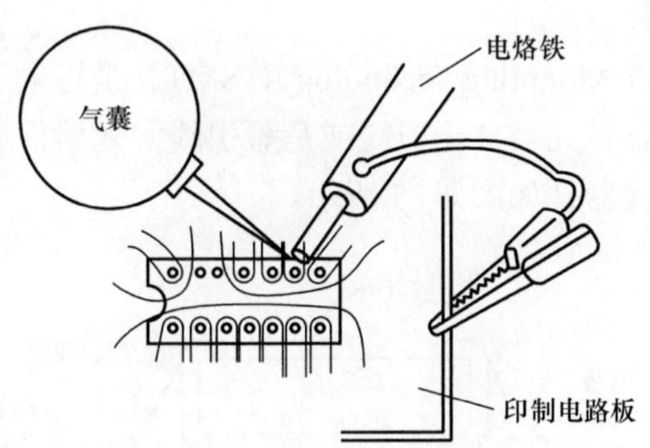

图 4-24　用气囊吸锡器拆焊

3. 用铜编织线进行拆焊

将铜编织线的部分涂上松香焊剂，然后放在将要拆焊的焊点上，再把电烙铁放在铜编织线上加热焊点，待焊点上的焊锡熔化后，就被铜编织线吸去。如焊点上的焊料一次没有被吸完，则可进行第二次、第三次，直至吸完。铜编织线吸满焊料后，就不能再用，需要把已吸满焊料的部分剪去。

4. 采用吸锡电烙铁拆焊

吸锡电烙铁是一种专用于拆焊的烙铁，它能在对焊点加热的同时，把锡吸入内腔，从而完成拆焊。

拆焊是一项细致的工作，不能马虎从事，否则将造成元器件的损坏和印制导线的断裂以及焊盘的脱落等损失。为保证拆焊的顺利进行，应注意以下两点：

第一，烙铁头加热被拆焊点时，焊料熔化应及时按垂直印制电路板的方向拔出元器件的引线，不管元器件的安装位置如何、是否容易取出，都不要强拉或扭转元器件，以避免损伤印制电路板和其他元器件。

第二，在插装新元器件之前，必须把焊盘插线孔内的焊料清除干净，否则在插装新元器件引线时，将造成印制电路板的焊盘翘起。

清除焊盘插线孔内焊料的方法是：用合适的元器件引线从印制电路板的非焊盘面插入孔内，然后用电烙铁对准焊盘插线孔加热，待焊料熔化时，缝衣针从孔中穿出，从而清除了孔内焊料。

任务四　表面安装技术与工艺

知识链接一　表面安装技术

1. 几个基本概念

SMC　表面组装器件（Surface Mounting Components）

SMD　表面组装元件（Surface Mounting Device）

SMT　表面组装技术（Surface Mounting Technology）

THT　传统通孔插装技术（Through Hole Packaging Technology）

PCB　印制电路板（Printed Circuit Board）

2.表面安装技术的概念

表面安装技术（Surface Mounting Technology，SMT）是将电子元器件直接安装在印制电路板的表面，它的主要特征是元器件无引线或是短引线，元器件主体与焊点均处在印制电路板的同一侧面。表面安装元器件如图 4-25 所示。

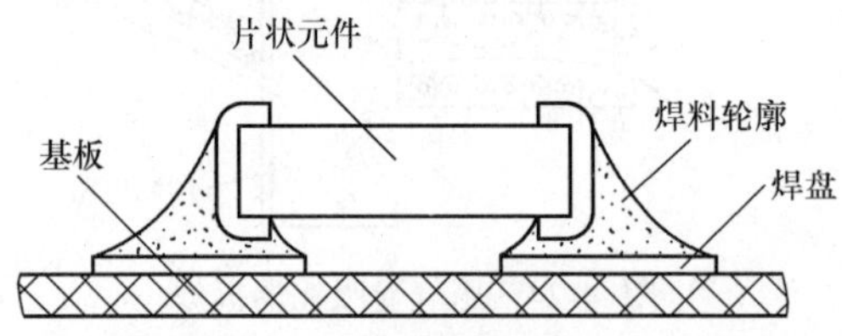

图 4-25　表面安装元器件

电子产品采用表面安装技术后，与传统的通孔插装技术相比较（图 4-26），具有如下特点：

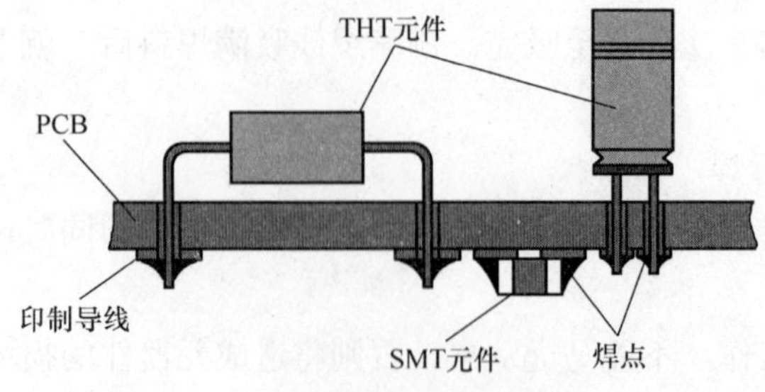

a) 传统的通孔插装技术示意图

图 4-26　表面安装技术与传统技术相比较示意图

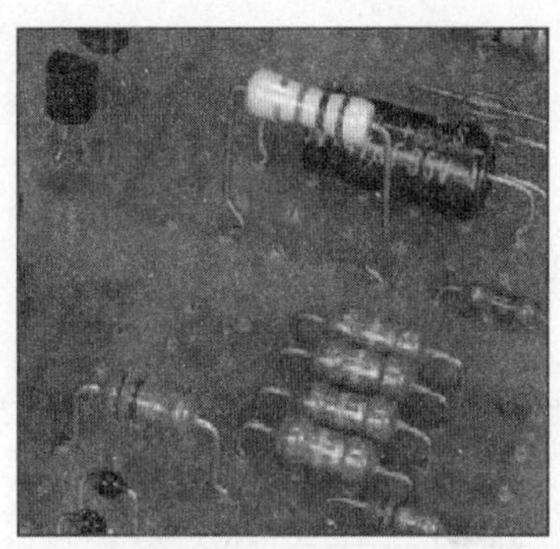

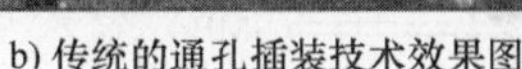

b) 传统的通孔插装技术效果图

c) 表面安装技术效果图

图 4-26　表面安装技术与传统技术相比较示意图（续）

1）组装密度高、产品体积小、重量轻。

2）一般体积缩小 40%~60%，重量减轻 60%~80%。

3）可靠性高，抗振能力强。

4）高频特性好，减少了电磁和射频干扰。

5）易于实现自动化，提高了生产率。

3. 表面安装元器件

表面安装元器件又称为片状元件，片状元件的主要特点：尺寸小；重量轻；形状标准化；无引线或短引线；适合在印制电路板上进行表面安装。片状元件如图 4-27 所示。

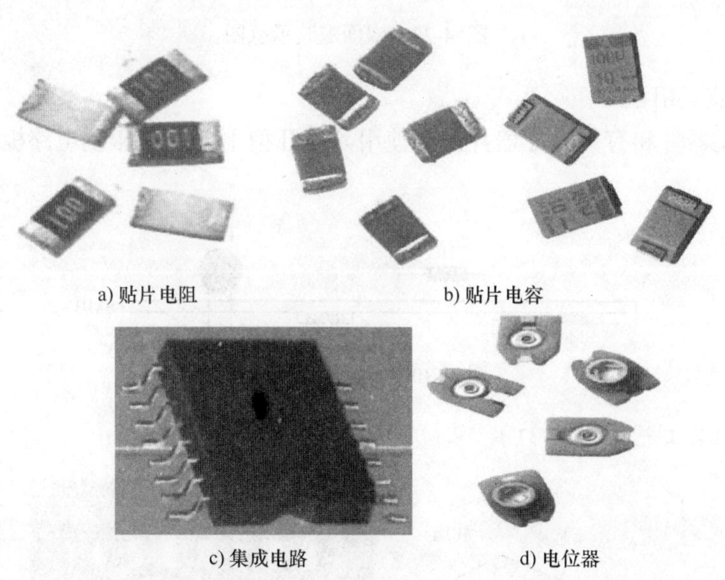

a) 贴片电阻　b) 贴片电容

c) 集成电路　d) 电位器

图 4-27　片状元件

对于引脚较少的 SMT 元器件，如电阻器、电容器、晶体管等，可采用直接焊接的方法：先将印制电路板元器件面朝上放在桌上，用镊子将元器件夹放到印制电路板相应的位置上，注意引脚要与焊盘对准，然后用拇指将元器件按住，用电烙铁沾少量焊锡和松香将其一只引脚简单焊住。

知识链接二　表面贴装工艺

一、表面安装组件的类型

表面安装组件（Surface Mounting Assembly，SMA）的类型有全表面安装（Ⅰ型），双面混装（Ⅱ型），单面混装（Ⅲ型）。

1. 全表面安装（Ⅰ型）

全部采用表面安装元器件，安装的印制电路板是单面或双面板，如图 4-28 所示。

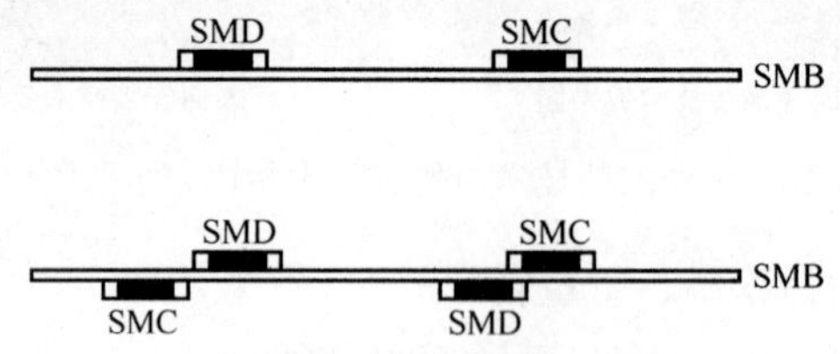

图 4-28　全表面安装示意图

2. 双面混装（Ⅱ型）

表面安装元器件和有引线元器件混合使用，印制电路板是双面板，如图 4-29 所示。

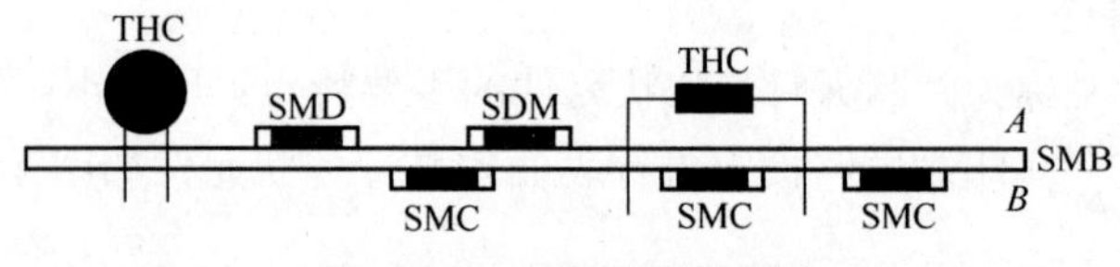

图 4-29　双面混装示意图

3. 单面混装（Ⅲ型）

表面安装元器件和有引线元器件混合使用，与Ⅱ型不同的是印制电路板是单面板，如图 4-30 所示。

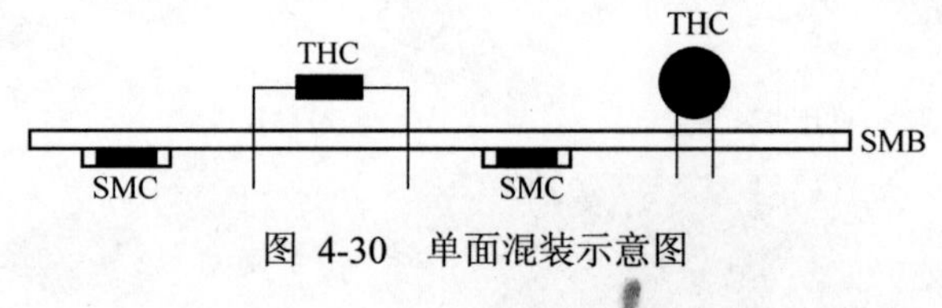

图 4-30　单面混装示意图

二、表面安装工艺（图 4-31）

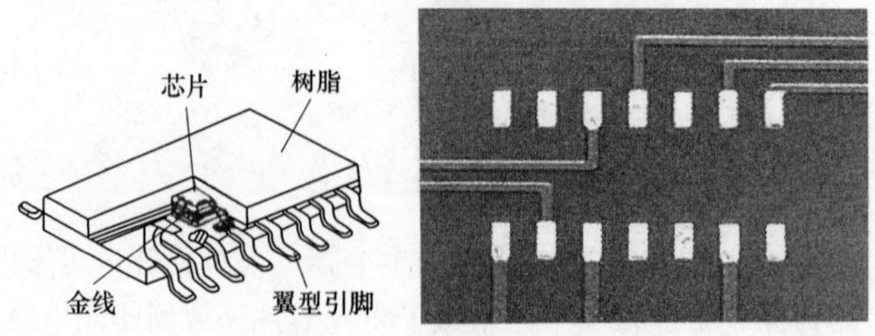

图 4-31　表面安装工艺

制造 SMA 的关键工艺为：涂膏、点胶、固化、贴片、焊接、清洗、检测。

项目五　电路图的识读与常用工艺文件

电路图是反映电子线路组成的原理示意图，它由各种电子元器件符号、电路符号、连接线和各种标注文字组成，它最直接地体现了电子线路的连接关系。电路图识读是进行电子产品装配、调试、设计应该掌握的基本知识与技能。在从事电子产品生产的相关工作时，我们还应该能够了解和掌握在电子产品生产过程中的一些工艺文件与设计文件等，并具备一定的工艺文件编制知识。本章主要介绍电路图识读与常用工艺文件、设计文件的相关知识。

任务一　电原理图识读

知识链接一　电路符号识读

元器件代号及图形符号见表 5-1。

表 5-1　元器件代号及图形符号

元器件代号	元器件名称	图形符号
R	电阻器	一般表示　可调电阻　熔断器　光敏电阻
C	电容器	一般表示　电解电容
L	电感器	一般表示　磁心(铁心)电感
VD	二极管	一般表示　光敏二极管　发光二极管　稳压二极管
VT	晶体管	
V	晶闸管	
E	电源	

（续）

元器件代号	元器件名称	图形符号
Y	扬声器	
MIC	传声器	
M	电动机	M
L	灯	
	线路及连接	相连接形式 不相连接形式　接地
K	动合触点 （开关）	一般表示
	接收天线	

知识链接二　电路原理图的识读

电路原理图是详细说明产品各元器件、各单元之间的工作原理及其相互间连接关系的略图，是设计、编制接线图和研制产品时的原始资料。

1. 电路原理图的识读方法

读懂电路原理图是进行电子产品生产、调试、设计和维修的基础。识读电路原理图首先应该认识常用电子元器件的符号，了解每个元器件的特性与功能，掌握基本的电子线路知识，特别是应该熟悉电子技术中一些基本单元电路的组成与功能，因为不管多么复杂的电路，往往都是由一些基本单元电路组成的。

识读电路原理图的基本步骤可以归结为“从大到小、化整为零”的思想。首先是了解整个电路的工作原理，分析电路是由哪些部分组成的，画出电路框图；然后分析每个部分由哪些基本单元电路组成；最后再分析功能单元电路。读图时应该以信号为主线，顺藤摸瓜，找到每个单元电路的输入和输出，分析各个单元电路的输入与输出之间的关系，再通过电源、地、控制电路、保护电路等对整个电路进行分析，以达到完整理解电路的目的。下面以一个最基本的直流稳压电源电路为例来分析各单元电路的功能。

2. 电路原理图的识读举例

电路原理图由电路符号、连接线和标注组成。电路原理图应按如下规定绘制。

1）在电路原理图上，组成产品的所有元器件均以图形符号表示。

2）在电路原理图中应标出元器件的项目代号。元器件图形符号的左方或上方应标出该元器件的项目代号。各元器件的项目代号，一般由其文字符号及序号组成。对于由几个单元组成的产品，必要时元器件顺序号也可按单元编制，此时在文字符号的前面加一该单元的项目代号，并与文字符号写在同一行上。

3）电路原理图上的元器件应在元器件目录表中列出。元器件目录表标出了各元器件的项目代号、名称、型号及数量。在进行整机装配时，应严格按目录表的规定安装。

电路原理图示例如图 5-1 所示。

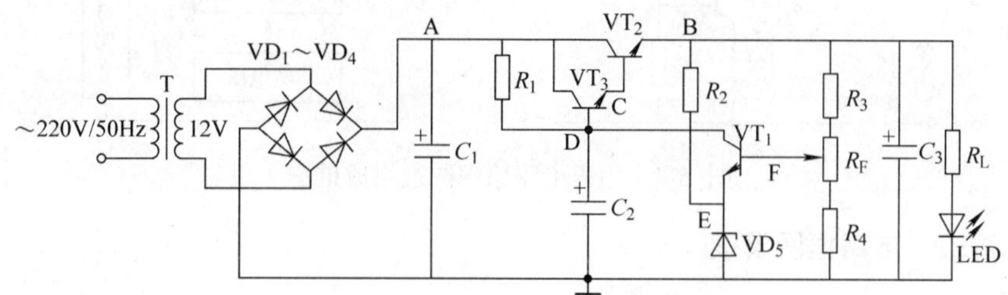

图 5-1　直流稳压电源原理图

操作分析一　单元电路的解读

根据直流稳压电源的电路原理图，下面来分析每个基本功能单元电路，通过整流电路、滤波电路和稳压电路三个单元电路的分析，来说明分析电路的工作原理以及电子元器件的作用。

1. 整流电路

将正负交替变化的交流电压变成单方向的脉动电压的过程，称为整流。桥式整流电路的特点是在负载得到相同的直流电压情况下，提高电源利用率，输出电压波动小。目前元器件生产厂商常将整流二极管集成在一起构成桥堆，其电路如图 5-2 所示。

2. 滤波电路

单相桥式整流电容滤波电路如图 5-3 所示，负载两端并联的电容为滤波电容，利用电容的充放电作用，使负载电压、电流趋于平滑，且电路的放电时间常数 R_LC 越大，放电就越慢，负载上得到的电压就越平滑。电容滤波电路适合负载电流较小的场合。

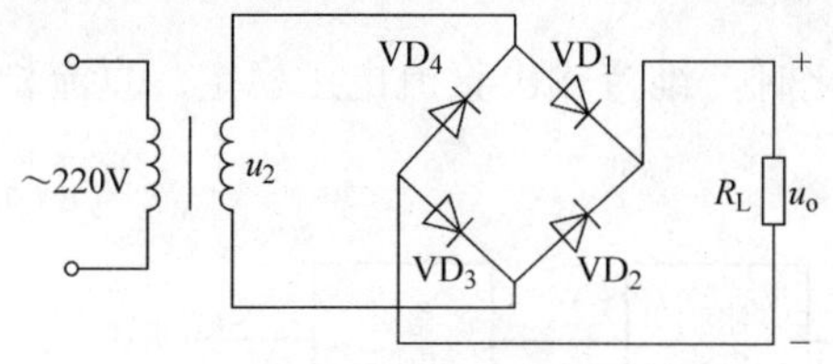

图 5-2　桥式整流电路原理图

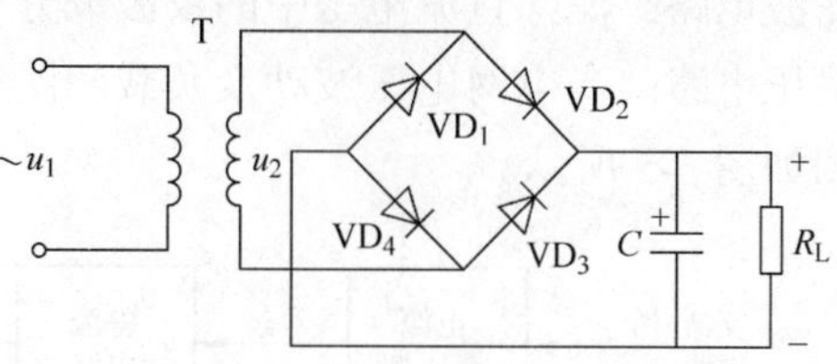

图 5-3　电容滤波电路原理图

3. 稳压电路

1）采样电路：由分压电阻 R_1、R_2 组成。

2）基准电压电路：由稳压管 VS 和限流电阻 R_3 组成；比较放大电路：由晶体管 VT_1 和 R_4（或集成运放）构成。

3）电压调整电路：由工作于线性状态的晶体管 VT_2 构成。稳压过程可表示为：

$$U_i\uparrow\rightarrow U_o\uparrow\rightarrow U_{BE1}\uparrow\rightarrow I_{B1}\uparrow\rightarrow I_{C1}\uparrow\rightarrow U_{C1}\downarrow\rightarrow U_{B2}\downarrow\rightarrow I_{B2}\downarrow\rightarrow I_{C2}\downarrow\rightarrow U_{CE2}\uparrow\rightarrow U_o\downarrow$$

同理，当 U_o 降低时，通过电路的反馈作用也会使 U_o 保持基本不变。稳压电路原理图及组成框图如图 5-4 所示。

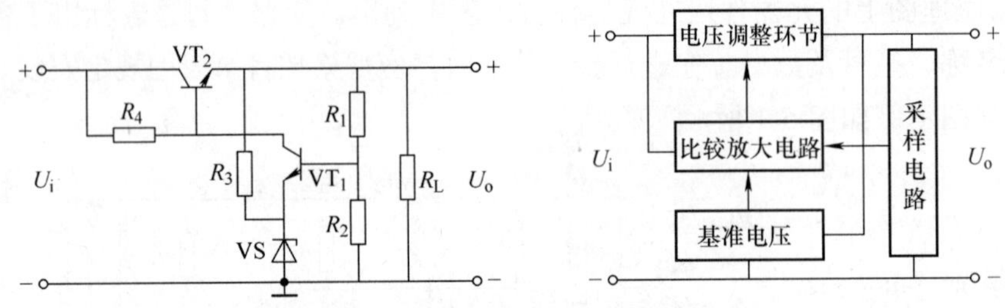

图 5-4　稳压电路原理图及组成框图

操作分析二　电路框图解读

电路框图用来反映成套设备、整件和各个组成部件以及它们在电气性能方面的基本作用原理和顺序，它一般将电路划分为若干个模块，然后用线条或箭头标出这些模块的构成关系或信号的传输途径。框图是一种重要的电路图，特别在分析集成电路的应用电路、复杂的系统电路，了解整机组成情况时，没有框图将造成识图的很多不便和困难。框图主要可分为整机电路框图、系统电路框图、集成电路的内部框图等。

直流稳压电源实例分析如下。

分析电路的功能和电路的基本组成是读懂一个电路原理图的前提。分析电路的基本组成需要对电子线路等相关知识有比较深入的了解。直流稳压电源主要由四部分组成，分别为电源变压器、整流电路、滤波电路和稳压电路，这四个部分可以看作是直流稳压电源的单元电路。

电源变压器：将电网提供的 220V 交流电压变换到所需要的交流电压范围，并对直流电源与电网起隔离作用。

整流电路：将变压器变换后的交流电压变为单向的脉动直流电压。

滤波电路：滤除直流电压中的纹波成分。

稳压电路：当电网电压波动及负载和温度变化时，维持输出直流电压稳定。直流稳压电源框图如图 5-5 所示。

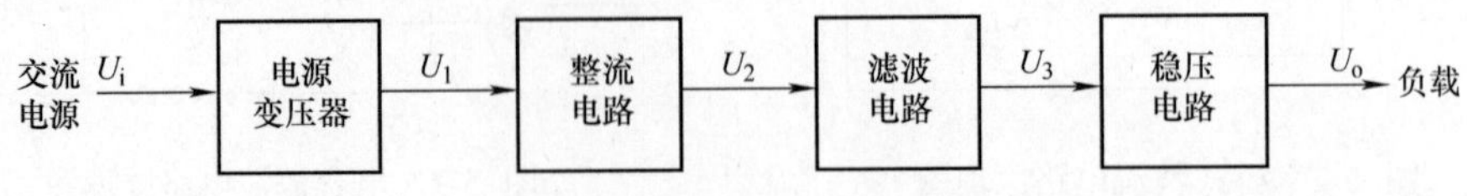

图 5-5　直流稳压电源框图

任务二　印制板电路图的识读和测绘

知识链接一　印制电路图的识读

印制电路板是电子元器件的载体，它是在绝缘基板上覆以金属铜箔而构成的（即敷铜板），在使用时根据需要将铜箔加工成各种形状的印制导线和焊盘。印制电路图是表明各元器件在印制电路板上所在的具体位置，以及各元器件之间连接的布线图。印制电路图是为电子产品在组装、调试、检测时使用的。识读印制电路图时应该注意以下几点：

1）先找到醒目的元器件。

因为印制电路板图的走线无规律，焊盘的形状有大、有小，也各有差异，这样就给寻找某一个元器件的具体位置带来不便，为此比较醒目的元器件就成为寻找其他元器件的参考点。

醒目的元器件有：晶体管、集成电路、可调电阻、变压器等。

2）电原理图与印制电路板图相互对照。

先在电原理图中找到所需测试的元器件的编号，然后再观察此编号的元器件周围有何醒目的元器件，这样在印制电路板图中就比较容易找到所需测量的元器件了。

3）弄清印制电路板图中的单元电路的划分。

4）沿着通有直流电流的印制导线寻找元器件。

知识链接二　印制电路板的测绘

印制电路板的测绘可分为以下几步。

1. 对元器件及其引脚进行编号

在印制电路板上，一般元器件都有编号，而元器件的引脚则没有编号，某些元器件，如二极管的阳极和阴极，集成电路的各个引脚，它们是可以直接被分清的；而另一些元器件，如电阻，它的两个引脚就没有区分。为了进行电路板的测绘，这两种编号都非常重要，对于不易区分的元器件或引脚，最好在印制电路板图上或直接在印制电路板上用笔标明。

2. 分析电路，划分功能单元

一些简单的电路板上可能只有一个功能单元，而复杂的电路板上则可能有多个功能单元，这种情况就需要预先分析一下，大致分辨出有哪几个功能单元，以方便电路图的绘制。

功能单元被划分出来后，就可在准备好的纸上用铅笔清描几个方框，每个方框表示一个功能单元。方框要画得比较大，以便将功能单元的电路图画在其中。某些电路板电路十分复杂或其功能单元不易认清，此时可以先不做这一步，待整个电路图都画出后，再通过分析划分出功能单元。

3. 找到每个功能单元电路中的关键元器件

在完成了功能单元的划分后，就需要对每个功能单元的电路进行测绘了。在电路图中，一般是以功能单元电路中关键的核心元器件为中心进行安排的，因此找到关键元器件就有利于电路图的绘制。

关键元器件指某个功能单元的电路中，起关键作用的元器件，该元器件的体积不一定是最大的，价格也不一定是最贵的，如基本放大电路中的晶体管。找到关键元器件后，可在纸上相应功能方框的中央位置画上该元器件的电路符号。

4. 列画出单元中的所有元器件

找到关键元器件后，可进一步观察关键元器件周围的元器件，找到属于该功能单元的所有元器件，并将它们绘制到纸上相应的功能单元方框中。

5. 对照电路板进行连线

在印制电路板的导线面，找到某个功能单元的所有导线，并来回翻转以判断接在该导线上的元器件，注意此时应判断元器件的引脚。在导线上每找到一个元器件的引脚后，就在纸上对它进行连接。

6. 整理电路图

待印制电路板上所有的导线都按上面的要求进行绘图连接后，原则上电路的测绘就基本完成了。但此时电路图还十分不规范，这不利于电路的分析，因此还需对已画完的电路图进行整理。整理应按流行的电路图绘制习惯来进行，例如一般信号的输入端应放在图样的左边，输出端放在图样的右边，电源放在图样的上端，而地线则放在图样的下端等。

任务三　简单工艺文件的识读

电子整机产品技术文件按工作性质和要求不同，形成专业制造和普通应用两类不同的应用领域。在电子整机产品规模生产的制造业中，产品技术文件具有生产法规的效力，必须执行统一的标准，实行严明的规范管理，不允许生产者有个人的随意性。

生产部门按照工艺图样进行生产，技术管理部门分工明确，各司其职。一张图样一旦审核签署，便不能随意更改；如果需要更改，也必须经过严格的更改手续。技术文件的完备性、权威性和一致性是必需的。按制造业总的技术来分，技术文件可分设计工艺和工艺文件两类。

知识链接一　工艺文件的重要性

工艺是将相应的原材料、元器件、半成品等加工或装配成为产品或新的半成品的方法和过程。工艺是人类在劳动过程中积累并经过总结提升的操作技术经验。

按照一定的条件选择产品最合理的工艺过程，将实现这个工艺过程的程序、内容、方法、工具、设备、材料以及每一个环节应该遵守的技术文件规程用文字形式表示，称为工艺文件。

工艺文件是工业生产部门实施生产的技术文件。工艺文件是产品加工、装配、检验的技术依据，也是生产路线、计划、调度、原材料准备、劳动力组织、定额管理、工模具管理等的主要依据。只有建立一套完整的、合理且行之有效的工艺文件体系，企业才能实现优质、高效、低消耗和安全的生产，获得最佳的经济效益。

知识链接二　编制工艺文件的要求

1）工艺文件要有统一的格式、统一的幅面，图幅大小应符合有关标准，并应装订成册，配齐成套。

2）工艺文件的字体要正规、书写要清楚、图形要正确。工艺图上尽量少用文字说明。

3）工艺文件所用的产品名称、编号、图号、符号、材料和元器件代号等，应与设计文件一致。

4）编写工艺文件要执行审核、会签、批准手续。

5）线扎图尽量采用 1∶1 的图样，并准确绘制，以便于直接按图样做排线板排线。

6）工序安装图可不必完全按实样绘制，但基本轮廓应相似，安装层次应表示清楚。

7）装配接线图中的接线部位要清楚，连接线的接点要明确。内部接线可假想移出展开。

知识链接三 工艺图样的管理及工艺纪律

1）经生产定型或大批量生产产品的工艺文件底图必须归档，由企业技术档案部门统一管理。

2）对归档的工艺文件的更改应填写更改通知单，执行更改审核、会签和批准手续后交技术档案部门，由专人负责更改。技术档案部门应将更改通知单和已更改的工艺文件蓝图及时通知有关部门，并更换下发的蓝图。更改通知单应包括涉及更改的内容。

3）临时性的更改也应办理临时更改通知单，并注明更改所适用的批次或期限。

4）有关工序或工位的工艺文件应发到操作人员手中，操作人员在熟悉操作要点和要求后才能进行操作。

5）应经常保持工艺文件的清洁，不要在图样上乱写乱画，以防出错。

6）遵守各项规章制度，注意安全文明生产，确保工艺文件的正确实施。

7）发现图样和工艺文件中存在问题时，要及时反映，不要自作主张随意改动。

8）努力钻研业务，提高操作技术，积极提出合理化建议，不断改进工艺，提高产品质量。

操作分析 工艺文件的格式及填写方法

1. 工艺文件的种类与作用

工艺文件通常分为工艺管理和工艺规程两大类。工艺规程按其性质和加工专业可分为五类：

1）专用工艺规程。

2）专业工艺规程。

3）成组工艺规程。

4）典型工艺规程。

5）标准工艺规程。

工艺文件在企业生产中主要起到以下的作用：

1）工艺文件为生产准备提供必要的资料。

2）工艺文件为生产部门提供工艺方法和流程，确保经济、高效地生产出合格产品。

3）工艺文件为质量控制部门提供保证产品质量的检测方法和计量检测仪器及设备。

4）工艺文件是加强定额管理、对企业职工进行考核的重要依据。

5）工艺文件是建立和调整生产环境、保证安全生产的指导文件。

6）工艺文件是企业进行成本核算的重要材料。

7）工艺文件为企业操作人员的培训提供依据，以满足生产的需要。

2. 工艺文件的格式

工艺文件的格式是按照工艺技术和管理要求规定的工艺文件栏目的形式编排的。为保证产品生产的顺利进行，应该保证工艺文件的成套性。工艺文件包括工艺文件封面、工艺文件目录、工艺路线表、导线及扎线加工表、配套明细表、装配工艺卡、工艺说明及简图卡、工艺文件更改通知单等。

（1）工艺文件封面　它作为产品全套工艺文件装订成册的封面。“共××册”处填写全套工艺文件的册数；“第××册”处填写本册在全套工艺文件中的序号；“共××页”处填写本册的页数；型号、名称、图号处均填写产品型号、名称、图号；“本册内容”处填写本册主要工艺内容的名称；最后执行批准手续，并且填写批准日期。工艺文件封面如图 5-6 所示。

电　子　工　业
工　艺　文　件
第　册
共　页
共　册
产品型号
产品名称
产品图号
本册内容
批　准
年　月　日
旧底图总号
底图总号
日期　签名

图 5-6　工艺文件封面

（2）工艺文件目录　工艺文件目录供装订成册的工艺文件编写目录所用，反映产品工艺文件的齐套性。填写的“产品名称或型号”“产品图号”应与封面的内容保持一致；“文件代号”栏填写文件的简号，不必填写文件的名称；“更改标记”栏填写更改事项；“拟制”“审核”栏由有关人员签署；其余栏目按有关标题填写。工艺文件目录如图 5-7 所示。

（3）工艺路线表　工艺路线表用于产品生产的安排和调度，反映产品由毛坯准备到成品包装的整个工艺路线的简明示意图，供企业有关部门作为组织生产的依据。工艺路线表如图 5-8 所示。

	工艺文件目录			产品名称或型号		产品图号
	序号	文件代号	零部件、整件图号	零部件、整件名称	页数	备注
	1	2	3	4	5	6
使用性						
旧底图总号						

底图总号	更改标记	数量	文件号	签名	日期	签 名		日期	第 页
						拟制			
						审核			共 页
日期	签名								第 册 第 页

图 5-7 工艺文件目录

	工艺路线表				产品名称或型号		产品图号
	序号	图 号	名 称	装入关系	部件用量	整件用量	工艺路线表内 容
	1	2	3	4	5	6	7
使用性							
旧底图总号							

底图总号	更改标记	数量	文 件 号	签名	日期	签名		日期	第 页
						拟制			
						审核			共 页
日期	签名								第 册 第 页

图 5-8 工艺路线表

（4）导线及扎线加工表　导线及扎线加工表用于导线及线扎的加工准备及排线等，如图 5-9 所示。

GS14

导线及线扎加工卡片	产品名称		名称	
	产品图号		图号	

序号	线号	名称牌号规格	颜色	数量	导线长度/mm 全长	导线长度/mm A剥头	导线长度/mm B剥头	连接点Ⅰ	连接点Ⅱ	设备及工装	工时定额	备注

旧底图总号									
底图总号							设计		
							审核		
日期	签名								
							标准化		第　页共　页
		更改标记	数量	更改单号	签名	日期	批准		
		描图:			描校:				

图 5-9　导线及扎线加工表

（5）配套明细表　配套明细表是编制装配需用的零件、部件、整件及材料与辅助材料的清单，供各有关部门在配套及领、发料时使用，也可作为装配工艺过程卡的附页。配套明细表如图 5-10 所示。

（6）装配工艺卡　装配工艺过程卡又称工艺作业指导卡，它反映了电子整机装配过程中，装配准备、装联、调试、检验、包装入库等各道工序的工艺流程，是完成产品的部件、整件的机械装配和电气装配的指导性工艺文件。装配工艺卡如图 5-11 所示。

		装配工艺过程卡片					产品名称		名称	
							产品图号		图号	
	装入件及辅助材料			工作地	工序号	工种	工序(步)内容及要求		设备及工装	工时定额
	序号	代号、名称、规格	数量							
旧底图总号										
底图总号						设计				
						审核				
日期　签名										
						标准化				
	更改标记	数量	更改单号	签名	日期	批准			第　页　共　页	
	描图:				描校:					

图 5-10　配套明细表

		工艺说明及简图	名　称	编号或图号
			工序名称	工序编号
使用性				
旧底图总号				

底图总号	更改标记	数量	文件号	签名	日期	签名		日期	第　页	
						拟制				
						审核			共　页	
日期　签名										
									第　册	第　页

图 5-11　装配工艺卡

（7）工艺说明及简图卡　工艺说明及简图卡可作为任何一种工艺过程的续卡，它用简图、流程图、表格及文字形式进行说明，也可用于编制规定格式以外的其他工艺过程，如调试说明、检验要求、各种典型工艺文件等。

（8）工艺文件更改通知单　工艺文件更改通知单用于对工艺文件的内容做永久性修改。工艺文件更改通知单如图 5-12 所示。

<table>
<tr><td>更改单号</td><td colspan="3" rowspan="2">工艺文件更改通知单</td><td>产品名称或型号</td><td>零、部、整件名称</td><td>图　号</td><td>第　页</td></tr>
<tr><td></td><td></td><td></td><td></td><td>共　页</td></tr>
<tr><td>生效日期</td><td>更 改 原 因</td><td rowspan="2">通知单的分发</td><td colspan="2" rowspan="2"></td><td rowspan="2">处理意见</td><td colspan="2" rowspan="2"></td></tr>
<tr><td></td><td></td></tr>
<tr><td>更改标记</td><td colspan="3">更 改 前</td><td>更改标记</td><td colspan="3">更 改 后</td></tr>
<tr><td></td><td colspan="3"></td><td></td><td colspan="3"></td></tr>
<tr><td>拟制</td><td></td><td>日期</td><td></td><td>审核</td><td></td><td>日期</td><td></td></tr>
<tr><td>标准化</td><td></td><td>日期</td><td></td><td>批准</td><td></td><td>日期</td><td></td></tr>
</table>

图 5-12　工艺文件更改通知单

项目六 常用电子仪器的使用

任务一 毫伏表的使用

知识链接 认识DA—16型低频晶体管毫伏表的面板

测量交流电压时，自然会想到用万用表，万用表是以测50Hz交流电的频率为标准设计生产的，因此对于频率高到数千兆赫的高频信号，或低到几赫兹的低频信号，或有些交流信号幅度极小（有时只有几毫伏），这时普通万用表就难以胜任了，而必须用专门的毫伏表来测量。

毫伏表又称为电子电压表，它的种类很多，根据测量信号频率的高低可分为低频毫伏表、高频毫伏表和超高频毫伏表。

1. DA—16型毫伏表的主要性能指标

DA—16型毫伏表采用放大—检波的形式，具有较高的灵敏度、稳定度。检波置于最后，使信号检波时产生良好的指示线性。DA—16型毫伏表频带宽，可从20Hz～1MHz；采用二级分压，故测量电压范围宽，可从100μV～300V，指示读数为正弦波电压的有效值。

DA—16型毫伏表的主要性能指标见表6-1。

表6-1 DA—16型毫伏表的主要性能指标

项 目	性 能 指 标	项 目	性 能 指 标
测量电压范围	100μV～300V	频率响应误差	100Hz～100kHz：≤±3%
测量电平范围	−27～32dB（600Ω）		20Hz～1MHz：≤±5%
被测频率范围	20Hz～1MHz	输入阻抗	电阻1MΩ（1kHz），C≤50～70pF
固有误差	≤±3%（基准频率1kHz）	消耗功率	3W

2. DA—16型毫伏表的面板功能

DA—16型毫伏表的面板结构如图6-1所示。

1）量程选择开关。选择被测电压的量程，它共有11档。量程中的分贝数供仪器作为电平表时读分贝数用。

2）输入端。采用一同轴电缆线作为被测电压的输入引线。在接入被测电压时，被测电路的公共地端应与毫伏表输入端同轴电缆的屏蔽线相连接。

3）零点调整旋钮。当仪器输入端信号电压为零（输入端短路）时，毫伏表指示应为零，否则需调节该旋钮。

4）表头刻度。表头上有3条标度标记，供测量时读数之用。第三条（−12～2dB）标度标记作为电平表用时的分贝（dB）读数标记。

5）机械调零。毫伏表未接上电源时，可利用旋具调整该旋钮使指针指向零点。

6）电源开关和指示灯。插好外插头（接交流220V），当电源开关拨向上时，该红色指示灯亮，表示已接通电源，预热后可以准备进行测量。

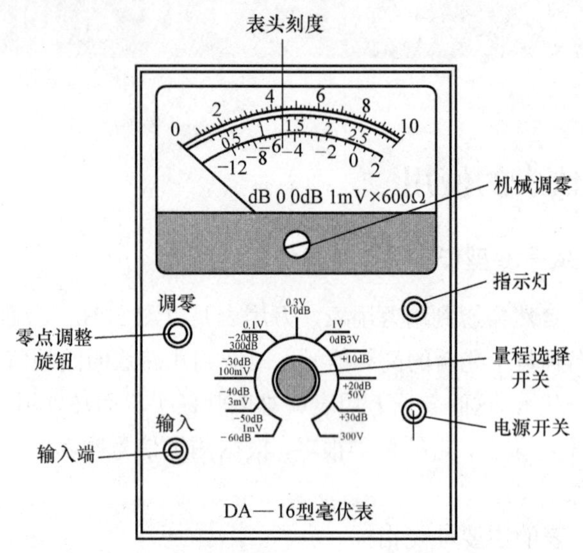

图 6-1 DA—16型毫伏表的面板结构

操作分析 DA—16 型毫伏表的使用方法

1. 机械调零

将毫伏表立放在水平桌面上，通电前，先检查表头指针是否指示零点，若不指零，可用旋具调整表头上的机械调零旋钮使指示为零。

2. 电气调零

将毫伏表的输入夹子短接，接通电源，待指针摆动数次至稳定后，校正电气调零旋钮，使指针在零位，此时即可进行测量（有的毫伏表设置有自动电气调零，无需人工调节）。

3. 连接测量电路

DA—16 型毫伏表灵敏度较高，为了保护毫伏表，避免表针被撞击损坏，在接线时一定要先接地线（即电缆的外层，要接到低电位线端），再接另一条线（高电位线端），接地线要选择良好的接地点。测量完毕拆线时，应先拆高电位线，然后再拆低电位线。

DA—16 型毫伏表的输入端采用的是同轴电缆，电缆的外层为接地线，为了安全起见，在测量毫伏级电压量程时，接线前最好将量程式开关置于低灵敏度档（即高电压档），接线完毕再将量程开关置于所需的量程。另外，在测量毫伏级的电压量时，为避免外部环境的干扰，测量导线应尽可能短。

4. 测量

根据被测信号的大约数值，选择适当的量程。当所测的未知电压难以估计其大小时，就需要从大量程开始试测，逐渐降低量程直至表针指示在 2/3 以上刻度盘时，即可读出被测电压值。

5. 读数

图 6-2 所示为 DA—16 型毫伏表的标尺面板，共有三条标尺，第一、二条标尺用来观察

电压值指示数，与量程转换开关对应起来时，标有 0～10 的第一条标尺适用于 0.1、1、10 量程档位，标有 0～3 的第二条标尺适用于 0.3、3、30、300 量程档位。

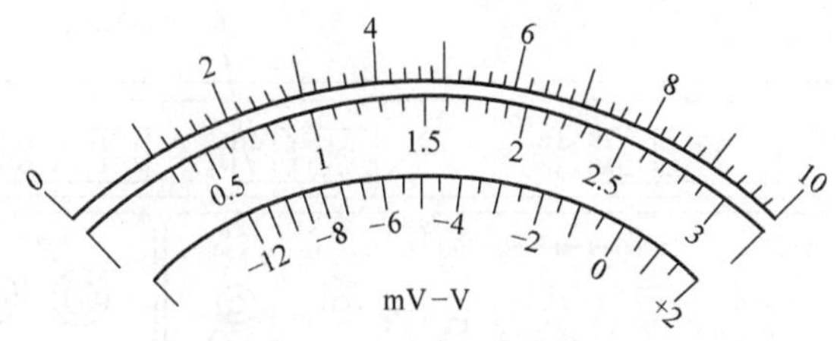

图 6-2　DA—16型毫伏表的标尺面板

例如：量程开关指在 1mV 档位时，用第一条标尺读数，满度 10 读作 1mV，其余标尺间隔均按比例缩小，若指针指在刻度 6 处，即读作 0.6mV（600μV）；如量程开关指在 0.3V 档位时，用第二条标尺读数，满度 3 读作 0.3V，其余标尺间隔也均按比例缩小。

毫伏表的第三条标尺用来表示测量电平的分贝值，它的读数与上述电压读数不同，是以表针指示的分贝读数与量程开关所指的分贝数的代数和来表示读数的。例如，量程开关置于+10dB（3V），表针指在−2dB 处，则被测电平值为+10dB+（−2dB）=8dB。

任务二　信号发生器的使用

知识链接　认识 ZN1060 型高频信号发生器的面板

信号发生器又称信号源，它能产生不同频率、不同幅度的规则的或不规则的波形信号。在实际应用中，信号发生器能给测试、研究和调整电子电路及电子整机产品提供符合一定技术要求的电信号。

信号发生器类型很多，按频率和波段可分为低频信号发生器、高频信号发生器和脉冲信号发生器等。在电子整机产品装调中高频信号发生器使用较多。下面以 ZN1060 型高频信号发生器为例说明其性能和使用方法。

ZN1060 型高频信号发生器是一个具有数字显示的产品，其输出频率和输出电压的有效范围宽，频率调节采用交流伺服电动机传动系统，调谐方便，仪器内部有频率计，可对输出频率进行显示，提高了输出频率的准确度。

1. ZN1060 型高频信号发生器的主要性能指标

ZN1060 型高频信号发生器的主要性能指标见表 6-2。

表 6-2　ZN1060 型高频信号发生器的主要性能指标

项　目	性 能 指 标	项　目	性 能 指 标
频率范围	10kHz～40MHz 10 个波段，分为等幅、调幅	调幅度	0～80%范围内连续可调
载波频率误差	四位数码显示±1 个字（预热 30min）	衰减器	×10dB:0～110dB 分 11 档 ×1dB:0～10dB 分 10 档
输出电压有效范围	0～120dB（1μV～1V）	电调制信号	400Hz，1000Hz

2．ZN1060 型高频信号发生器的面板结构

ZN1060 型高频信号发生器的面板结构如图 6-3 所示。

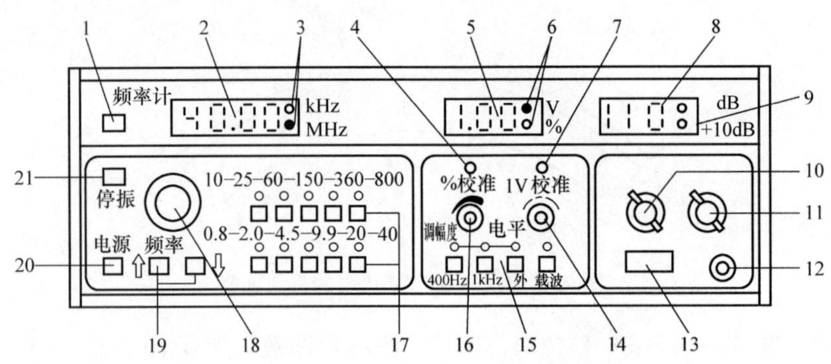

图 6-3 ZN1060型高频信号发生器的面板结构

1—频率计开关 2—频率计显示 3—频率单位显示 4—调幅度调节校正 5—电压、调幅显示 6—工作状态显示 7—载频电压校准 8—衰减器dB显示 9—+10dB显示 10—×10dB衰减器 11—×1dB衰减器 12—输出插座 13—终端负载显示电阻（0dB=1μV） 14—电平调节旋钮 15—工作选择按键 16—调幅度调节旋钮 17—波段按键 18—频率手调旋钮 19—频率电调按键 20—电源开关 21—停振按键

3. ZN1060 型高频信号发生器的功能

ZN1060 型高频信号发生器有载波、调幅两种信号输出状态。

1）载波工作状态。波段按键 17 用来改变信号发生器输出载波的波段，根据需要的信号频率，按下相应波段按键，指示灯即亮，表示仪器工作于该波段。

频率电调按键 19，标有“↑”符号表示按下此键频率往高调节，标有“↓”符号表示按下此键频率往低调节；频率手调旋钮 18，用于微调输出信号频率，将信号频率精确地调到所需数值；停振按键 21，起开关作用，用来中断测试过程中本仪器的输出信号。

2）调幅工作状态。工作选择按键 15 有“400Hz”“1kHz”“外”三个键，按下对应按键分别输出由 400Hz、1kHz、外输入信号调制的调幅波；载波按键，按下此键后仪器输出高频载波信号；电平调节旋钮 14，调节载波输出幅度；调幅度调节旋钮 16，用来调节调幅波的调幅度大小，调幅度的数值由数字电压表显示。

3）衰减器部分。“×10dB”衰减器 10 从 0～110dB 分 11 档；“×1dB”衰减器 11 从 0～10dB 分 10 档，衰减的分贝数由“衰减器 dB 显示”读出。

4）频率计开关。在测试过程中，如果被测设备受频率计干扰大时，可以按下频率计开关 1 使之弹出，停止频率计工作，保证测试顺利进行。

操作分析 ZN1060 型高频信号发生器的使用方法

1）按下频率计开关 0.8～2MHz 波段开关和载波开关，将调幅度调节旋钮、电平调节旋钮逆时针方向旋至最小位置，衰减器置于最大衰减位置。

2）按下电源开关，预热 30min 即可正常使用。

3）根据所需要的输出频率，按下相应的波段后再按动频率电调按键“→”“↑”或“↓”，

并调节频率手调旋钮，使输出频率符合所需的数值。

4）调节电平调节旋钮使数字电压表显示为 1V。

5）根据所需要的输出电压，将“×10dB”和“×1dB”衰减器置于所需位置。在使用过程中电压表应始终保持 1V，以保证仪器输出电压值的准确性。

6）根据需要的调幅频率，按“400Hz”或“1kHz”按键，此时仪器处于调幅工作状态，调节调幅度调节旋钮可改变调幅系数的大小，并在电压表上直接显示 M%。

电压表所显示的调幅度，只有载波电平保持 1V 的情况下 M%才是准确的。若要检查载波电平是否在 1V 上，可按下载波开关，则电压表再次显示电压，可调节电平调节旋钮使电压表显示出 1V。

【提示】在对电子电路和设备送信号时必须对信号发生器进行校对。

任务三　示波器的使用

知识链接　认识 YB4320 型示波器的面板结构

示波器是一种用荧光屏显示电信号随时间变化波形图像的电子测量仪器，是典型的时域测量仪器。它可直接测量被测信号的电压、频率、周期、时间、相位、调幅系数等参数，也可间接观测电路的有关参数及元器件的伏安特性；还可与传感器结合测量各种非电量，因此在科学研究、航空航天、工农业生产、医疗卫生、地质勘探等方面，示波器都获得了广泛应用。

根据用途、结构及性能，示波器一般分为通用示波器、多束示波器（或称多线示波器）、取样示波器、记忆与存储示波器、特殊示波器等。下面以 YB4320 型双踪四线示波器为例来介绍示波器的使用方法。

1. YB4320 型示波器的面板结构

YB4320 型示波器的面板结构如图 6-4 所示，各控制件的功能见表 6-3。

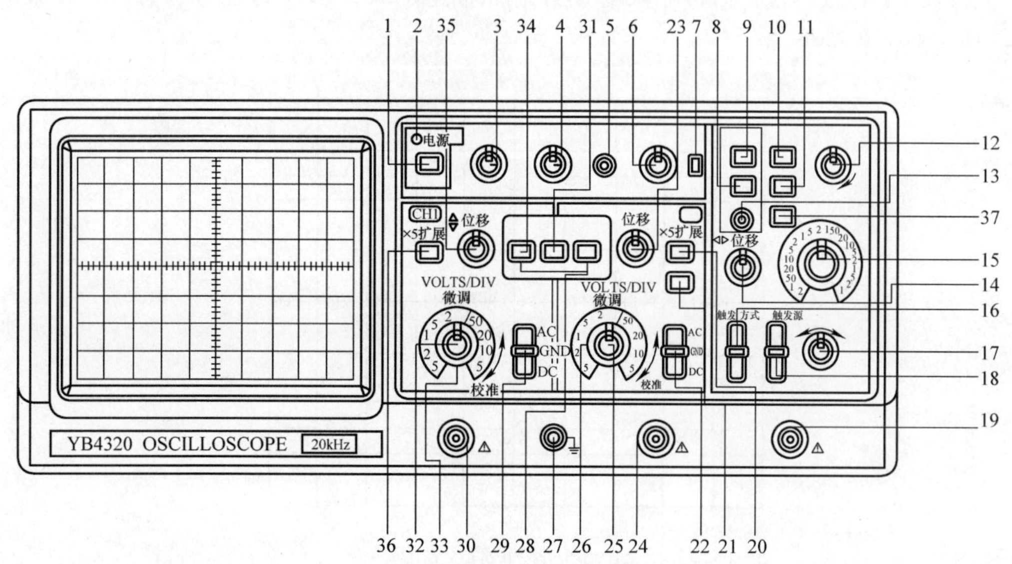

图 6-4　YB4320型示波器的面板结构

表 6-3 YB4320 型示波器各控制件的功能

序号	功 能	序号	功 能	序号	功 能
1	电源开关	14	水平位移	27	接地柱
2	电源指示灯	15	扫描速度选择开关	28	通道 2 选择
3	亮度旋钮	16	触发方式选择	29	通道 1 耦合选择开关
4	聚焦旋钮	17	触发电平旋钮	30	通道 1 输入端
5	光迹旋转旋钮	18	触发源选择开关	31	叠加
6	刻度照明旋钮	19	外触发输入端	32	通道 1 垂直微调旋钮
7	校准信号	20	通道 2×5 扩展	33	通道 1 衰减器转换开关
8	交替扩展	21	通道 2 极性开关	34	通道 1 选择
9	扫描时间扩展控制键	22	通道 2 耦合选择开关	35	通道 1 垂直位移
10	触发极性选择	23	通道 2 垂直位移	36	通道 1×5 扩展
11	X-Y 控制键	24	通道 2 输入端	37	交替触发
12	扫描微调控制键	25	通道 2 垂直微调旋钮		
13	光迹分离控制键	26	通道 2 衰减器转换开关		

2. YB4320 型示波器的使用方法

1）检查电源。检查示波器的电源是否符合技术指标要求。

2）仪器校准。

①亮度、聚焦、移位旋钮居中，扫描速度置 0.5ms/DIV 且微调为校正位置，垂直灵敏度置 10mV/DIV 且微调为校正位置，触发源置内且垂直方式为 CH1，耦合方式置于“AC”，触发方式置于“峰值自动”或“自动”。

②通电预热，调节亮度、聚焦，使光迹清晰并与水平标尺平行（不宜太亮，以免示波管老化）。

③用 10∶1 探极将校正信号输入至 CH1 输入插座，调节 CH1 移位与 X 移位，使波形与图 6-5 所示波形相符合。

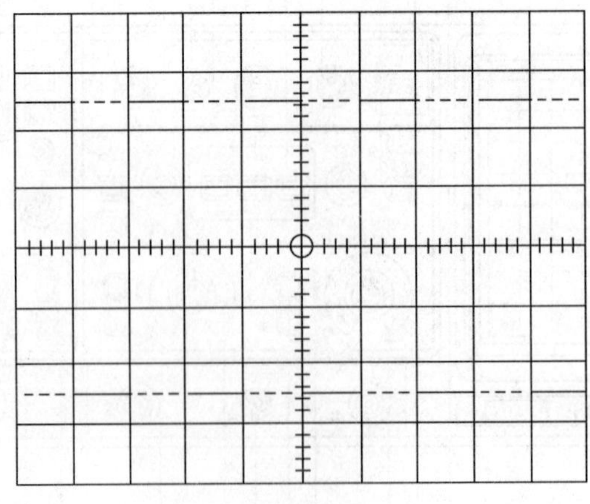

图 6-5 校正信号波形

④将探极换至 CH2 输入插座，垂直方式置于“CH2”，重复③操作。

3）信号连接。

①探极操作。为减小仪器对被测电路的影响，一般使用 10∶1 探极，衰减比为 1∶1 的探极用于观察小信号，探极上的接地和被测电路地应采用最短连接。在频率较低、测量要求不高的情况下，可用前面板上接地端和被测电路地连接，以方便测试。

②探极调整。由于示波器输入特性的差异，在使用 10∶1 探极测试以前，必须对探极进行检查和补偿调节。校准时如发现方波前后出现不平坦现象，则应调节探头补偿电容。

4）对被测信号和有关参量测试。

操作分析　YB4320 型示波器测量方法举例

1. 幅度的测量方法

幅度的测量方法包括峰—峰值（V_{P-P}）的测量、最大值（V_{MAX}）的测量、有效值（V）的测量，其中峰—峰值的测量结果是基础，后几种测量都是由该值推算出来的。

1）正弦波的测量。正弦波的测量是最基本的测量。按正常的操作步骤使用示波器显示稳定、大小适合的波形后，就可以进行测量。

峰—峰值（V_{P-P}）的含义是波形的最高电压与最低电压之差，因此应调整示波器使之容易读数，方法是调节 X 轴和 Y 轴的位移，使正弦波的下端置于某条水平标尺上，波形的某个上端位于垂直中轴线上，就可以读数了，如图 6-6 所示。

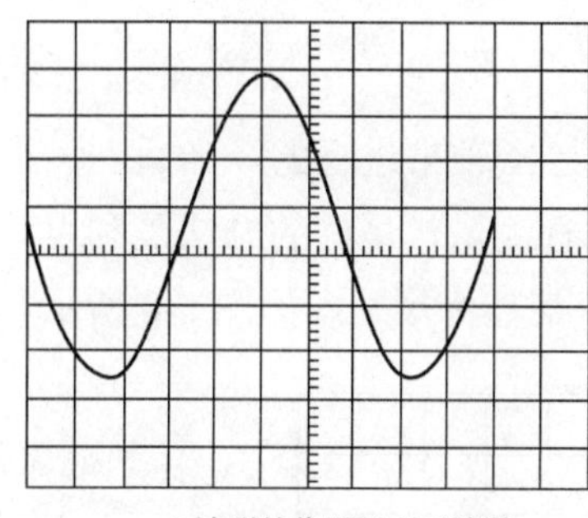

a) 波形的位置不利于读数

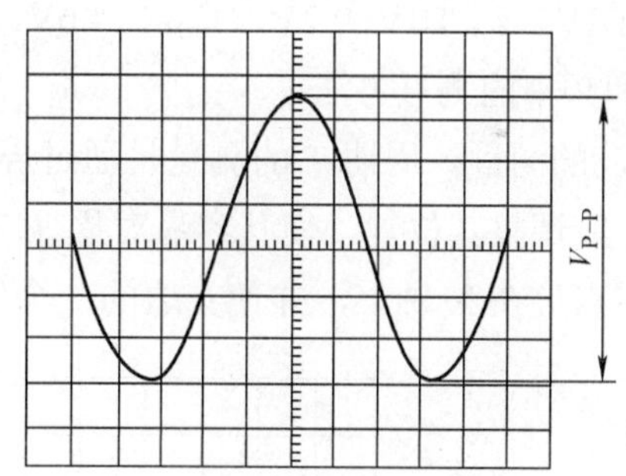

b) 波形的位置有利于读数

图 6-6　示波器上正弦波峰—峰值幅度的读数方法

由图 6-6b 中可以很容易地读出，波形的峰—峰值占了 6.3 格（DIV），如果 Y 轴增益旋钮被拨到 2V/DIV，并且微调已拨到校准，则正弦波的峰—峰值 V_{P-P}=6.3DIV×2V/DIV=12.6V。测出了峰—峰值，就可以计算出最大值和有效值。对于正弦波，这三个值有以下关系

$$V_{MAX}=\frac{1}{2}V_{P-P}$$

$$V=\frac{1}{\sqrt{2}}V_{MAX}\approx 0.707V_{MAX}$$

由此可计算出，V_{MAX}=6.3V，$V\approx$4.45V。

2）矩形波的测量。矩形波幅度的测量与正弦波相似，通过合适的方法找到其最大值与最小值之间的差值，就是峰—峰值（V_{P-P}），如图 6-7 所示。

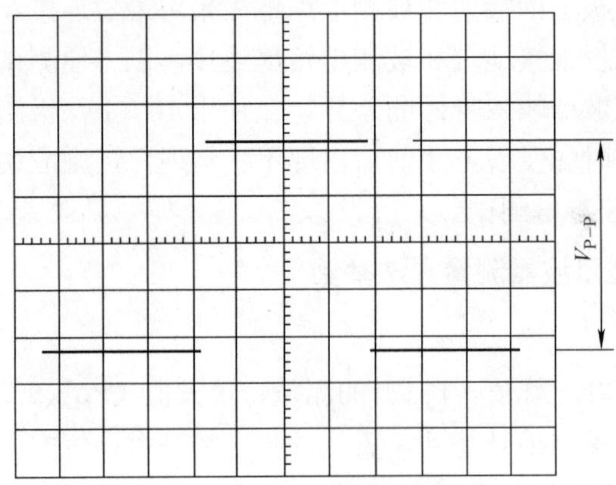

图 6-7　矩形波幅度的测量

【提示】示波器是通过扫描的方式进行显示，因此矩形波的上升沿和下降沿由于速度太快，往往显示不出来，但高电平与低电平仍能清晰看到。

矩形波的峰—峰值占 4.6 格（DIV），若 Y 轴增益旋钮被拨到 2V/DIV，则矩形波的峰—峰值 V_{P-P}=4.6DIV×2V/DIV=9.2V，V_{MAX}=4.6V。

2. 周期和频率的测量方法

1）正弦波的测量。周期 T 的测量是通过屏幕上 X 轴来进行的。当适当大小的波形出现在屏幕上后，应调整其位置，使其容易对周期 T 进行测量，最好的办法是利用其过零点，将正弦波的过零点放在 X 轴上，并使左边的一个位于某竖标尺上，如图 6-8 所示。

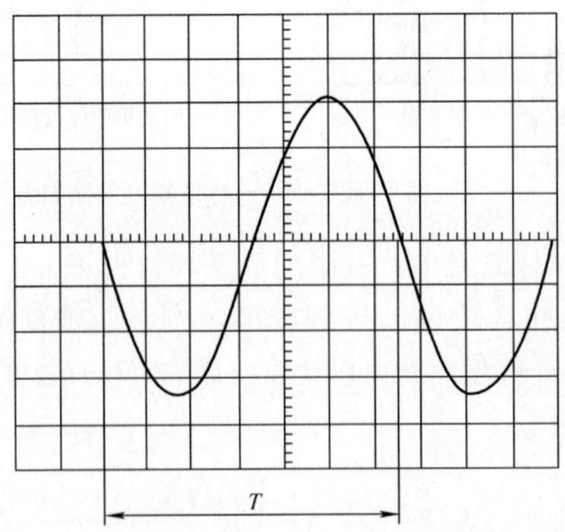

图 6-8　正弦波周期的测量

图中所示正弦波周期占了 6.5 格（DIV），如果扫描旋钮已被拨到的刻度为 5ms/DIV，可以推算出其周期 T = 6.5DIV×5ms/DIV= 32.5ms。同时，根据周期与频率的关系

$$f=\frac{1}{T}$$

可推算出，正弦波的频率为

$$f=\frac{1}{32.5\times10^{-3}\text{s}}\approx30.77\text{Hz}$$

为了使周期的测量更为准确，可以用图 6-9 所示的多个周期的波形来进行测量。

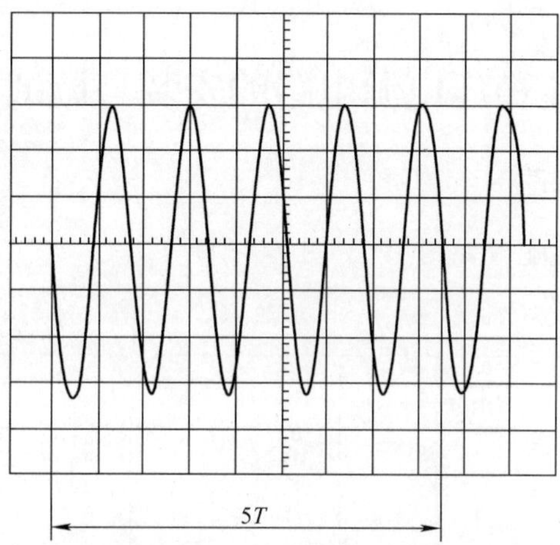

图 6-9　用多个波形进行周期测量

2）矩形波的测量。矩形波周期的测量与正弦波相似，但由于矩形波的上升沿或下降沿在屏幕上往往看不清，因此一般要将它的上平顶或下平顶移到中间的水平线上，再进行测量，如图 6-10 所示。

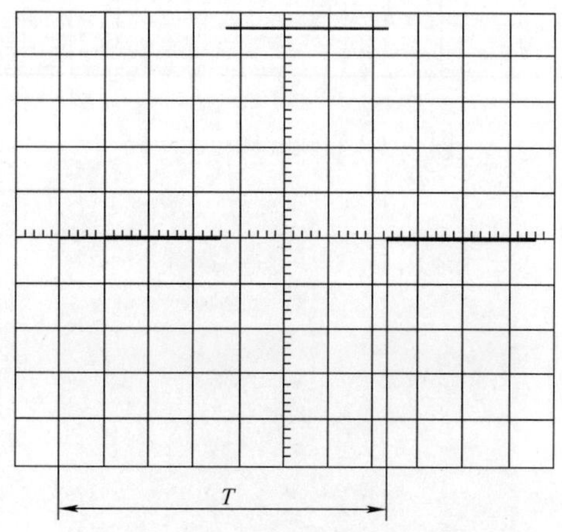

图 6-10　矩形波周期的测量

图中一个周期占用了 7.25 格（DIV），如果扫描旋钮已被拨到的刻度为 2ms/DIV，可以推算出其周期 T=7.25DIV×2ms/DIV=14.5ms，频率 f≈68.97Hz。

项目七 电子产品装配实例

综合性实训操作一般让学生每人实际组装具有一定功能的产品，培养学生能按工艺文件进行操作实习；能识别和判别常用元器件、零部件及材料质量的好坏；并能熟练掌握装配中的准备工序、总装工序、包装工序等操作技能。供实训的电路很多，本项目推荐三种，实际可任选其一或选用其他电路。

任务一 直流稳压电源电路的安装与调试

知识链接一 电路原理图

直流稳压电源电路及装配板如图 7-1、图 7-2 所示。

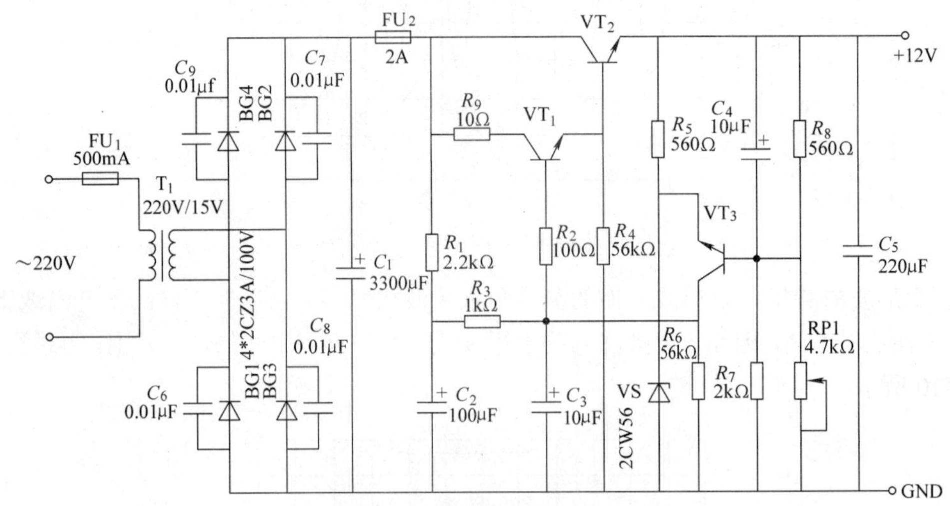

图 7-1 直流稳压电源电路

图 7-2 直流稳压电源电路装配板

知识链接二　元器件明细表

元器件明细表见表 7-1。

表 7-1　元器件明细表

序号	配件图号	品名	型号/规格	数量
1	R_9	电阻	RJ-0.25-10Ω	1
2	R_2	电阻	RJ-0.25-100Ω	1
3	R_5, R_8	电阻	RJ-0.25-560Ω	2
4	R_3	电阻	RJ-0.25-1kΩ	1
5	R_7	电阻	RJ-0.25-2kΩ	1
6	R_1	电阻	RJ-0.25-2.2kΩ	1
7	R_4,R_6	电阻	RJ-0.25-56kΩ	2
8	RP1	微调电阻	WS-4.7kΩ	1
9	VD_1～VD_4	整流二极管	1N4007	4
10	VS	稳压二极管	7.5V	1
11	VT_3	晶体管	9013	1
12	VT_1	晶体管	1008	1
13	VT_2	功率晶体管	D880	1
14	C_6～C_9	瓷介电容	CC-63V-0.01μF	4
15	C_3，C_4	电解电容	CD-16V-10μF	2
16	C_2	电解电容	CD-25V-100μF	1
17	C_5	电解电容	CD-25V-220μF	1
18	C_1	电解电容	CD-25V-3300μF	1
19	FU1	熔丝		2
20	FU2	熔断器	Φ5×20-2A	1
21		散热器		1
22		螺钉	BA3×8	1
23		印制电路板	GK-5 SGGW(A10490)	1

操作分析一　评分标准

评分标准见表 7-2。

表 7-2　直流稳压电源电路评分标准

项目	考核内容及其要求	配分	评分标准	扣分	得分
一般项目	1. 装前检查 ①根据图样核对所用元器件规格、型号、数量 ②对印制板按图样进行线路检查和外观检查	5	1. 清点元器件时，有遗漏，扣 1 分 2. 不按图进行检查或存在问题没有查出的，扣 2 分		
	2. 所用元器件测试 ①用万用表对电阻、电容进行检查 ②用万用表对二极管、稳压管和晶体管判断管脚、极性及好坏 ③将不合格的元器件筛选出来	5	1. 不会用万用表检查晶体管管脚、极性，扣 3 分 2. 检查元器件方法不正确，不合格元器件未筛选出来，扣 1 分		
	3. 按图装配 ①线路板上元器件排列整齐，装配外形美观、线路板清洁 ②焊点光滑，无虚焊和漏焊 ③焊接过程中，不损坏元器件	20	1. 元器件安装有错误，每有一个扣 2 分 2. 每有一处出现虚焊或焊点有毛刺，扣 1.5 分 3. 线路板不整齐美观，扣 5 分 4. 焊接时损坏元器件，扣 10 分		

（续）

项目	考核内容及其要求	配分	评分标准	扣分	得分
主要项目	1. 变压器输入电压为交流 220V/15V，调整空载输出电压为 12V±0.2V。如达不到指标，则说明原因及调整方法	15	1. 输出电压误差超范围不能说明原因及调整方法，酌情扣 3～5 分 2. 测量或计算误差过大酌情扣分 3. 测量方法不正确，扣 3～5 分 4. 方法不正确扣 3 分，读数不正确，扣 2 分		
	2. 测试电压调整率，输出 500mA 时，输入电压为 198V 及 242V 时测试输出电压，并记录和计算调整率	15			
	3. 测试电流调整率，在输入交流 198V 时，输出电流在空载和 500mA 时，测试输出电压，并记录和计算	15			
	4. 测试输出纹波电压（输入为交流 220V、负载电流为 500mA 的额定状态下）	10			
	5. 仪器使用正确，读数正确	5			
安全文明生产	按有关规定	10	每违反一项从总分中扣除 2 分，发生重大事故取消考试资格		
评分记录				合计得分	

操作分析二　安装步骤及工艺要求

1）对照元器件明细表清点数量。

2）识读原理图，对每只元器件进行识别、检测。

3）了解各元器件的种类及功能、用途。

4）对印制电路板按图进行线路检查和外观检查，除去印制电路板表面及元器件引脚上的氧化层，并上锡。

5）采用印制电路板装接时，元器件整型后按图排列，注意每只元器件的高度。相同规格的元器件高度一致、整齐。

6）焊接时间要短，以防印制电路铜箔脱落，焊接完毕检查是否漏焊、虚焊、错焊。

7）通电前仔细检查线路，无误后通知指导老师，方可通电测量。

8）正确使用测量仪器、仪表。

操作分析三　电路测试

调压器、变压器正确接线、合理调节；测试时输入、输出线注意不可接反；万用表测直流、交流时注意调节档位。

1）变压器输入一次电压为交流 220V，二次电压为交流 15V，调整空载稳压输出电压为 12V±0.2V。

2）测试电压调整率：调压输入电压在交流 198V 及交流 242V，负载固定不变，测试稳压输出电压并记录输出电压。

计算电压调整率，$S_u=\Delta U_o/U_o\times 100\%$($R_L$ 固定，U_i 变化引起 U_o 变化)。

3）测试电流调整率：调压输入电压在交流 220V 时，输出电流在空载和 500mA 时，测试稳压输出电压并记录输出电压。

计算电流调整率，$S_i=\Delta U_o/U_o\times100\%$($U_i$固定，$R_L$变化引起$U_o$变化)。

计算结果填在表 7-3 中。

表 7-3　记录计算结果

空载	变压器输入电压	变压器输出电压	整流后电压	稳压电压
	交流 220V			
电压调整率	电源输入电压	交流 198V	交流 220V	交流 242V
	稳压输出电压			
	电压调整率计算	$S_u=\Delta U_o/U_o\times100\%$　$\Delta U=\frac{S_1-U_o}{U_o}$ 或 $\frac{S_2-U_o}{U_o}$		
电流调整率	输出电流	空载	满载 500mA	
	输出电压			
	电流调整率计算	$S_i=\Delta U_o/U_o\times100\%$		

【思考题】

1. 阐述直流稳压电源电路的工作原理。
2. 装接和调试过程中出现的问题和解决的方法。

任务二　HX108—2AM 收音机的装配

知识链接一　HX108—2AM 收音机信号流程

调幅收音机工作框图如图 7-3 所示。

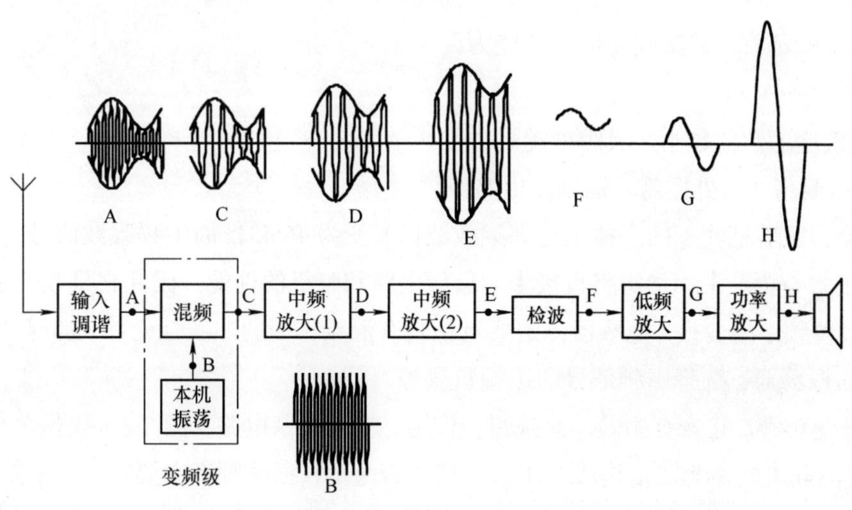

图 7-3　收音机工作框图

知识链接二　HX108—2AM 收音机的工作原理

HX108—2 原理图如图 7-4 所示。

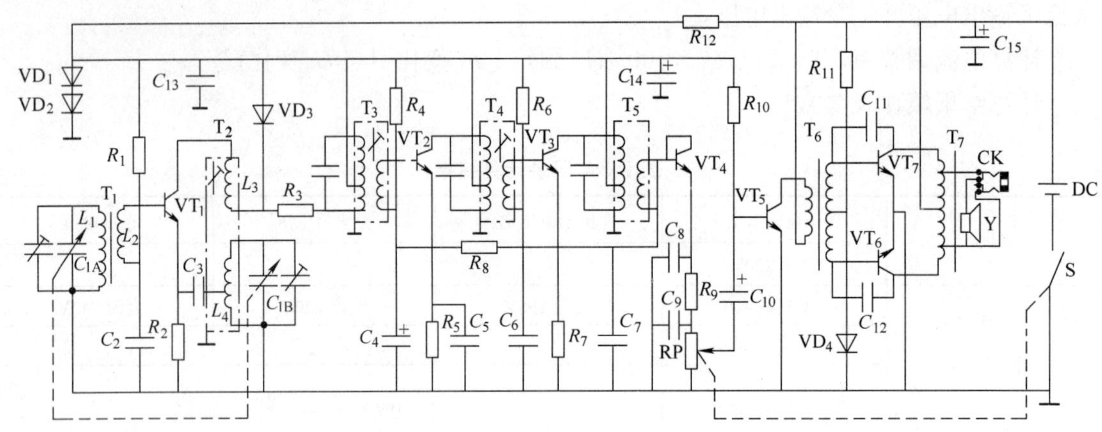

图 7-4 HX108—2收音机的工作原理

1. 输入调谐电路

从接收天线到变频管输入端之间的电路称为输入电路，如图 7-5 所示。

该电路是串联谐振电路，T_1 是磁性天线，L_1 和 L_2 都绕在磁棒上，C_{1A} 是调谐电容。

磁棒的磁导率很高，当它平行于电磁场的传播方向时，就能大量地聚集空间的磁力线，使绕在磁棒上的调谐线圈 L_1 能感应出较高的外来信号。

调谐电路的频率范围为 535～1605kHz。

1）选择性是收音机挑选电台的能力。

2）单位：dB（分贝）。

3）选择性的数值越大，收音机的选择性越好。

4）灵敏度是收音机接收弱信号的能力。

5）单位：mV/m。

6）灵敏度的数值越小，灵敏度越高。

2. 变频振荡（本机振荡、混频）电路

变频器担负着把输入的广播电台高频载波信号变为465kHz的中频载波信号的重要任务。它的工作正常与否及指标优劣将直接影响后级电路和整机的性能，因此它是收音机的关键部分。为了实现频率的变换，变频器一定要包括具有混频作用的非线性元件（即晶体管）、产生等幅信号的振荡器、选择中频信号的选频负载等。

VT_1 是变频管，它兼有振荡、混频两种作用。变频振荡电路（图 7-6）由振荡变压器（简称中振）T_2、可变电容器 C_{1B} 构成变压器反馈式振荡器，振荡频率主要决定于 L_4、C_{1B}，本机振荡信号通过 C_2、C_3 接在 VT_1 基极—发射极之间，自激振荡信号由反馈线圈 L_3 耦合给振荡回路，再由 C_3、C_2 回送到 VT_1 的基极—发射极之间，循环放大，形成振荡。输入调谐信号与本机振荡信号同时加到晶体管上，利用晶体管的非线性特性，在晶体管的集电极将产生两种频率信号的和频、倍频和差频，差频为 465kHz。

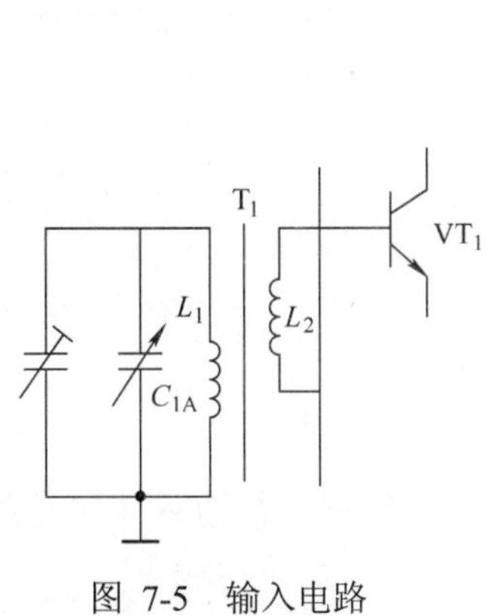

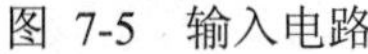
图 7-5　输入电路

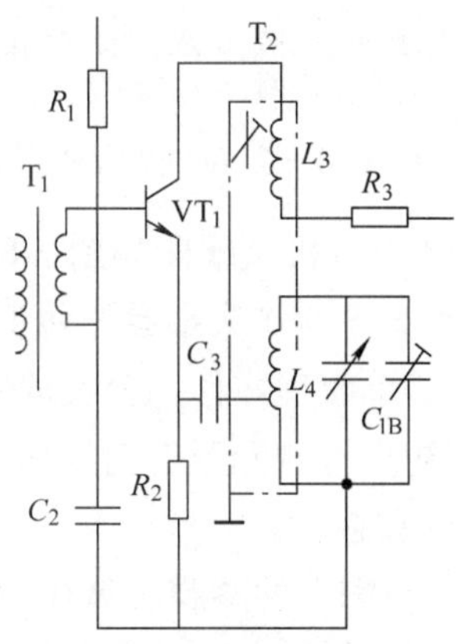

图 7-6　变频振荡电路

将输入调谐信号变成 465 kHz 的中频信号的原因有以下两点：

1）使收音机的设计简单。

2）整个频段（535～1605 kHz）的放大量均匀。

3. 中频放大电路

中频放大电路指变频输出至振幅检波器之间的电路，其作用是放大中频信号，它是收音机的“心脏”，对收音机的灵敏度、选择性及音质都有直接影响。中频放大器应具有增益高、稳定性好、选择性优良、通频带较宽的特点。

4. 检波电路

在调幅超外差式收音机中，检波器的作用是从中频调幅信号中检出低频（音频）信号，送到低频放大器进行放大。检波作用可以用二极管或晶体管来实现。

二极管检波电路如图 7-7 所示。

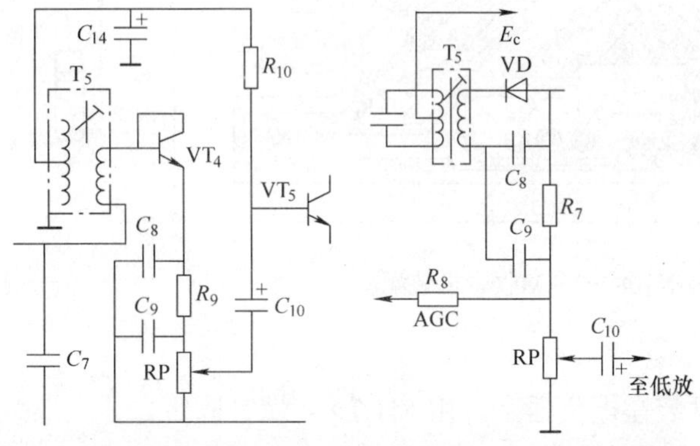

图 7-7　检波电路

5. 低频放大器

检波器与功率放大器之间的电路称为低频放大器，主要作用是放大低频信号，激励功率放大器，使功率放大器有足够的输出功率。

6. 功率放大器

功率放大器是收音机的最后一级，主要任务是把低频放大器送来的信号进行功率放大，以足够的功率输出去推动扬声器，所以也称为功率放大器。

操作分析一　HX108—2 AM 收音机装配

HX108—2AM 收音机装配图如图 7-8 所示。

一、装配前的准备工作及元器件初步测量

1）按元器件清单整理零件，分类放好。

2）用万用表初步检测元器件的好坏。

二、元器件的准备

将所有元器件引脚上的漆膜、氧化膜清除干净，然后进行搪锡（如元器件引脚未氧化则省去此项），根据图 7-9，将电阻、二极管弯脚。

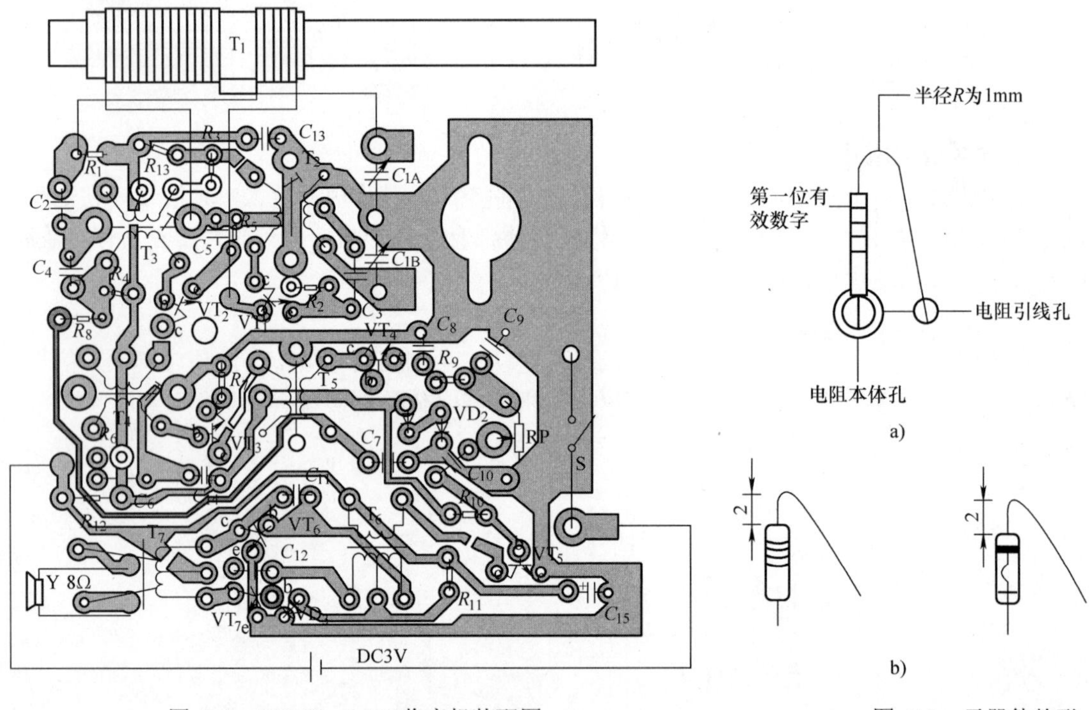

图 7-8　HX108—2 AM收音机装配图

图 7-9　元器件整形

三、组合件准备

1）将电位器拨盘装在电位器上，用 M1.7×4 螺钉固定。

2）将磁棒按图 7-10 套入天线及磁棒支架。

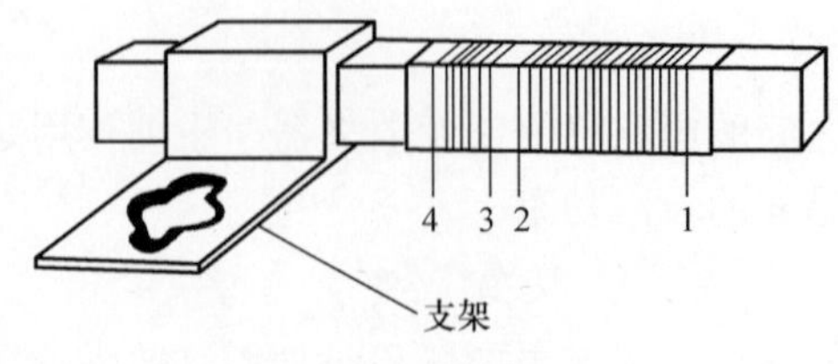

图 7-10　磁棒支架

四、插件焊接

（1）焊接注意事项

1）按照装配图正确插入元器件，其高低、极向应符合图样规定。

2）焊点要光滑，大小最好不要超出焊盘，不能有虚焊、搭焊、漏焊。

3）注意二极管、晶体管的极性，如图 7-11 所示。

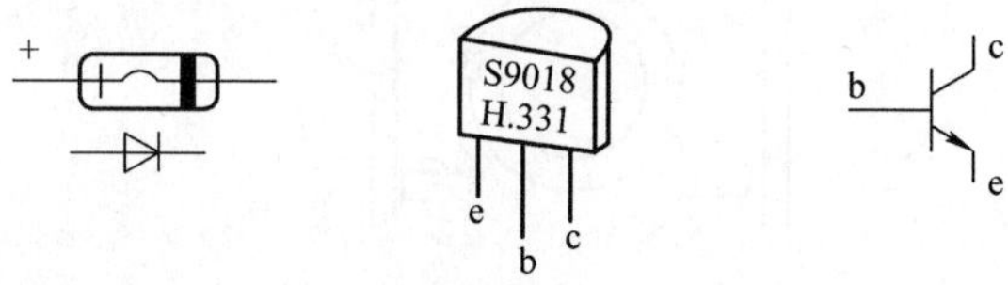

图 7-11　注意元器件的极性

4）输入（绿、蓝色）、输出（黄色）变压器不能调换位置。

5）红中周 T_2 插件外壳应弯脚焊牢，否则会造成卡调谐盘事故。

6）中周外壳均应用锡焊牢，特别是黄中周外壳一定要焊牢。

（2）元器件焊接步骤

1）电阻、二极管。

2）瓷片电容。

3）晶体管。

4）中周、输入输出变压器。

5）电位器、电解电容。

6）双联、天线线圈。

7）电池夹引线、扬声器引线。

【特别提示】每次焊接完一部分元器件，均应检查一遍是否有错焊、漏焊，发现问题及时纠正。这样可保证焊接收音机的一次成功而进入下道工序。

五、装大件

1）将双联 CBM223P 安装在印制电路板正面，将天线组合件上的支架放在印制电路板反面双联上，然后用 2 只 M2.5×5 螺钉固定，并将双联引脚超出电路板部分，弯脚后焊牢，并剪去多余部分。

2）将电位器组合件焊接在电路板指定位置。

六、开口检查与试听

收音机装配焊接完成后，请检查元器件有无装错位置，焊点有无脱焊、虚焊、漏焊。所焊元器件有无短路或损坏。发现问题要及时修理、更正。用万用表进行测试点工作电流测量，如检查都满足要求，即可进行收台试听。

$$I_{C_1}=0.18\sim0.22\text{mA}$$
$$I_{C_2}=0.4\sim0.8\text{mA}$$
$$I_{C_3}=1\sim2\text{mA}$$
$$I_{C_5}=2\sim5\text{mA}$$
$$I_{C_{6,7}}=4\sim10\text{mA}$$

七、前框准备

1）将负极弹簧、正极片安装在塑壳上。如图 7-12 所示，焊好连接点及黑色、红色引线。

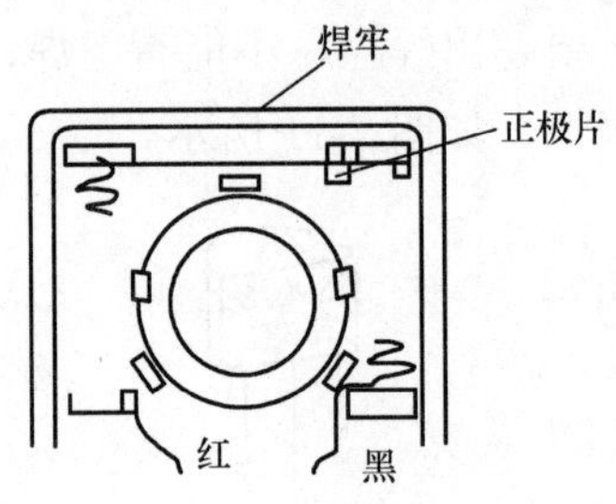

图 7-12　电源极片安装

2）将周率板反面双面胶保护纸去掉，然后贴于前框，注意要贴装到位，并撕去周率板正面保护膜。

3）将扬声器安装于前框，用一字小螺钉旋具靠带钩做滑槽，利用突出的扬声器定位圆弧的内侧为支点，将其导入带钩压脚固定，再用烙铁加热铆上三只固定脚，如图 7-13 所示。

4）将拎带一端安装在前框内。

5）将调谐盘安装在双联轴上，如图 7-14 所示，用 M2.5×5 螺钉固定，注意调谐盘指示方向。

6）按图样要求分别将两根白色或黄色导线焊接在扬声器与线路板上。

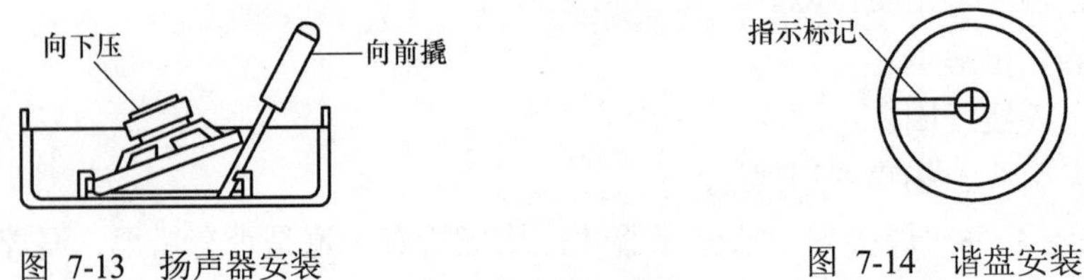

图 7-13　扬声器安装　　　　图 7-14　谐盘安装

7）按图样要求将正极（红）、负极（黑）电源线分别焊在线路板的指定位置。

8）将组装完毕的机芯按照图 7-15 所示装入前框，一定要到位。

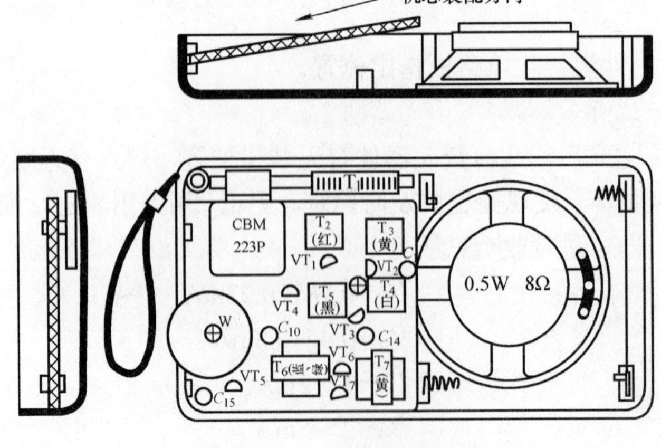

图 7-15　机芯安装

八、后盖装配

在完成统调机器后，放入 2 节 5 号电池进行试听，收听到高、中、低端都有即可将后盖盖好，收音机的装配调整即告完成。

操作分析二　HX108—2 AM 收音机调试

一、没有仪器情况下的调整方法

1. 调整中频频率

本套件所提供的中频变压器（中周），出厂时都已调整在 465kHz（一般调整范围在半圈左右），因此调整工作较简单。打开收音机，随便在高端找一个电台，先从 T_5 开始，依次 T_4、T_3，用无感螺钉旋具（可用塑料、竹条或者不锈钢制成）向前顺序调节，调到声音响亮为止。由于自动增益控制作用，以及当声音很响时，人耳对音响变化不易分辨，收听本地电台档声音已调到很响时，往往不易调精确，这时可以改收较弱的外地电台或者转动磁性天线方向以减小输入信号，再调到声音最响为止。按上述方法从后向前的次序反复细调二、三遍至最佳即完成。

2. 调整频率范围（对刻度）

（1）调低端　在 550~700kHz 范围内选一个电台。例如中央人民广播电台 640kHz，参考调谐盘指针指在 640kHz 的位置，调整振荡线圈 T_2（红色）的磁心，便收到这个电台，并调到声音较大。这样，当双联全部旋进容量最大时的接收频率在 525~530kHz 附近。低端频率位置就对准了。

（2）调高端　在 1400~1600kHz 范围内选一个已知频率的广播电台，例如 1500kHz，再将调谐盘指针指在周率板刻度 1500 位置，调节振荡回路中的微调电容（C_{2A}，见图 7-16），使这个电台在这个位置出现的声音最响，这样，当双联全部旋出容量最小时，接收频率必定在 1620~1640kHz 附近，高端频率位置就对准了。

以上（1）、（2）两步需反复 2~3 次，频率刻度才能调准。

（3）统调　利用最低端收到的电台，调整天线线圈在磁棒上的位置，使声音最响，以达到低端统调。利用最高端收到的电台，调节天线输入电路中的微调电容（C_{1A}）使声音最响，以达到高端统调。

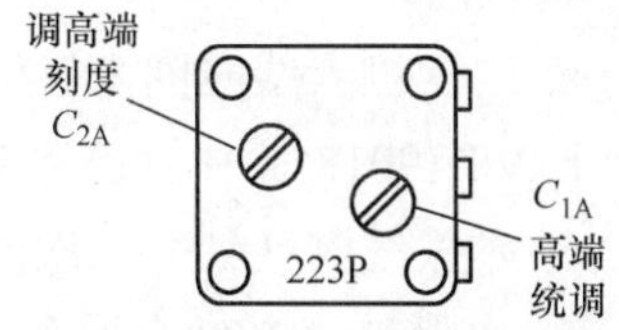

图 7-16　调高、低端频率位置

为了检查是否统调好，可以采用电感量测试棒（铜铁棒）来加以鉴别。

3. 测试方法

将收音机调到低端电台位置，用测试棒铜端靠近天线线圈（T_1），如果声音变大，则说明天线线圈电感量偏大，应将线圈向磁棒外侧稍移；用测试棒铁端靠近天线线圈，如声音增大，则说明线圈电感量偏小，应增加电感量，即将线圈往磁棒中心稍加移动。用铜铁棒两端分别靠近天线线圈，如果收音机声音均变小说明电感量正好，则线路已获得统调。

二、实习组装调整中易出现的问题

1. 变频部分

判断变频级是否起振，用 MF—47 型万用表直流 2.5V 档正表笔接 VT_1 发射极，负表笔接地，然后用手摸双联振荡联（即连接 T_2 端），万用表指针应向左摆动，说明电路工作正常，否则说明电路中有故障。变频级工作电流不宜太大，否则噪声大。红色振荡线圈外壳两脚均应折弯焊牢，以防调谐盘卡盘。

2. 中频部分

中频变压器序号位置搞错，结果是灵敏度和选择性降低，有时有自激现象。

3. 低频部分

输入、输出位置搞错，虽然工作电流正常，但音量很低，VT_6、VT_7 集电极 c 和发射极 e 搞错，工作电流调不上，音量极低。

三、HX108—2 型外差式收音机检测修理方法

（1）检测前提　安装正确，元器件无差错、缺焊、错焊及搭焊。

（2）检查要领　一般由后级向前检测，先检查低频功放级，再看中频级。

（3）检测修理方法：

1）整机静态总电流测量：本机静态总电流≤25mA，无信号时，若大于 25mA，则该机出现短路或局部短路，无电流则说明电源没接上。

2）工作电压测量：总电压 3V。

①正常情况下，VD_1、VD_2 两二极管电压在 1.3V±0.1V，此电压大于 1.4V 或小于 1.2V 时，此机均不能正常工作。大于 1.4V 时二极管 1N4148 可能极性接反或已坏，应检查二极管。

②小于 1.3V 或无电压时应检查：

a. 电源 3V 有无接上。

b. R_{12}（220Ω）是否接对或接好。

c. 中周（特别是白中周和黄中周）一次侧与其外壳短路。

3）变频级无工作电流。

检查点：

a. 二次侧天线线圈未接好。

b. VT_1(9018)晶体管已坏或未按要求接好。

c. 本振线圈（红）二次侧不通，R_3（100Ω）虚焊或错焊，接了大阻值电阻；

d. 电阻 R_1（100kΩ）和 R_2（2kΩ）接错或虚焊。

4）一中放无工作电流。

检查点：

a. VT_2 晶体管损坏，或（VT_2）管管脚插错（e、b、c 脚）。

b. R_4（20k）电阻未接好。

c. 二次侧黄中周开路。

d. C_4（4.7F）电解电容短路。

e. R_5（150Ω）开路或虚焊。

5）一中放工作电流大，为 1.5~2mA（标准是 0.4~0.8mA）。

检查点：

a. R_8（1kΩ）电阻未接好或连接 1kΩ 的铜箔里有断裂现象。

b. C_5（223）电容短路或 R_5（150Ω）电阻错接成 51Ω。

c. 电位器损坏，测量不出阻值，R_9（680Ω）未接好。

d. 检波管 VT_4(9018)损坏，或管脚插错。

6）二中放无工作电流。

检查点：

a. 一次侧黑中周开路。

b. 二次侧黄中周开路。

c. 晶体管坏或管脚接错。

d. R_7（51Ω）电阻未接上。

e. R_6（62kΩ）电阻未接上。

7）二中放电流太大，大于 2mA。

检查点：

R_6（62kΩ）接错，阻值远小于 62kΩ。

8）低放级无工作电流。

检查点：

a. 输入一次侧变压器(蓝）开路。

b. VT_5 晶体管坏或管脚装错。

c. 电阻 R_{10}（51kΩ）未焊好或装错。

9）低放级太大，大于 6mA。

检查点：

R_{10}（51kΩ）电阻装错，阻值太小。

10）功放级无电流（VT_6、VT_7 管）。

检查点：

a. 输入一次侧变压器不通。

b. 输出变压器不通。

c. VT_6、VT_7 晶体管坏或接错管脚。

d. R_{11}（1kΩ）电阻未接好。

11）功放电流太大，大于 20mA。

检查点：

a. 二极管 VD_4 坏或极性接反，管脚未焊好。

b. R_{11}（1kΩ）电阻装错了，用了小电阻（远小于 1kΩ 的电阻)。

12）整机无声。

检查点：

a. 检查电源有无加上。

b. 检查 VD_1、VD_2（1N4148）两端是否是 1.3V±0.1V。

c. 有无静态电流≤25mA。

d. 检查各级电流是否正常，变频 0.2mA±0.02mA；一中放 0.6mA±0.2mA；二中放 1.5mA

±0.5mA；低放 3mA±1mA；功放 4mA±10mA。

说明：15mA 左右属正常。

e. 用万用表 $R\times1$ 档测量并检查扬声器，应有 8Ω左右的电阻，表笔接触扬声器引出接头时应有“喀喀”声，若无阻值或无“喀喀”声，说明扬声器已坏。

提示：测量时应将扬声器拆下，不可联机测量。

f. T_3 黄中周外壳未焊好。

g. 音量电位器未打。

13）整机无声用 MF—47 型万用表检查故障方法。用万用表 $R\times1$ 档黑表笔接地，红表笔从后级往前级找，对照原理图，从扬声器开始顺着信号传播方向逐级往前碰触；扬声器应发出“喀喀”声。碰触到哪级无声时，则故障就在该级，可以测量工作点是否正常，并检查各元器件，有无接错、焊错、搭错、虚焊等。若在整机上无法查出该元器件好坏，则可拆下检查。

技能评价

HX108—2 收音机的安装、调整和调试技能评价表见表 7-4。

表 7-4　HX108—2 收音机的安装、调整和调试技能评价表

班级		姓名		学号		得分	
考核时间		实际时间		自　时　分起至　时　分			
项目	考核内容		配分	评分标准		扣分	
元器件成形及插装配	1. 正确使用常用工具 2. 按元器件明细表对元器件引线成形 3. 元器件装配完整，不能错装和缺装，导线连接正确		10	1. 常用工具使用不正确，扣 5 分 2. 元器件引线加工不符合工艺要求，每个扣 1～3 分			
印制板焊接	1. 元器件插装符合工艺要求 2. 无错装、漏装现象 3. 焊点大小均匀、有光泽，无毛刺、假焊现象 4. 印制导线不能断裂，焊盘不能翘起		20	1. 元器件插装不符合要求，每个扣 2 分 2. 焊点不符合要求，每点扣 3 分 3. 印制导线断裂、焊盘翘起扣 5 分			
调试	1. 印制电路板的安装 2. 印制电路板的静态调试 3. 中频频率的调整、调试 4. 频率范围的调整、调试 5. 三点统调的调整、调试		60	1. 不会使用万用表，扣 40 分 2. 测量方法不正确，扣 20 分			
安全文明生产	严格遵守操作规程		10	违反操作规程，酌情扣 4 分			
合计			100				

任务三　万用表的安装与调试

知识链接　万用表的作用

万用表是一种多功能多量程的便携式电工测量仪表，可以用来测量交、直流电流、电压、电阻等参数。

万用表是最常用的电工仪表之一，通过这次实习，我们应该在了解其基本工作原理的基础上学会安装、调试、使用，并学会排除一些常见故障。

锡焊技术是电工的基本操作技能之一，通过实习要求大家在初步掌握这一技术的同时，注意培养自身在工作中耐心细致、一丝不苟的工作作风。

【思考题】

1）为什么电阻用色环表示阻值，黑色、棕色、红色、绿色分别代表阻值的数字是几？

2）二极管、电解电容的极性如何判断？

3）档位开关及电刷旋钮如何安装？

4）元器件焊接前要做什么准备工作，焊接的要求是什么？

5）如何安装电刷？安装时要注意什么？

6）电位器的作用是什么？

7）如何正确使用万用表？

8）电位器的安装步骤是什么？

9）二极管的焊接要注意什么？

10）如何调整、安装电池极板？

操作分析　万用表的安装调试

MF—47 型万用表安装步骤如下：

1）清点材料。

2）二极管、电容、电阻的认识。

3）焊接前的准备工作。

4）元器件的焊接与安装。

5）机械部件的安装调整。

6）万用表故障的排除。

第一步：清点材料

参考材料配套清单，并注意：按材料清单一一对应，记清每个元器件的名称与外形；打开时请小心，不要将塑料袋撕破，以免材料丢失；清点材料时请将表箱后盖当容器，将所有的东西都放在里面；清点完后请将材料放回塑料袋备用；暂时不用的材料请放在塑料袋里；弹簧和钢珠一定不要丢失。

1. 电阻（图 7-17）

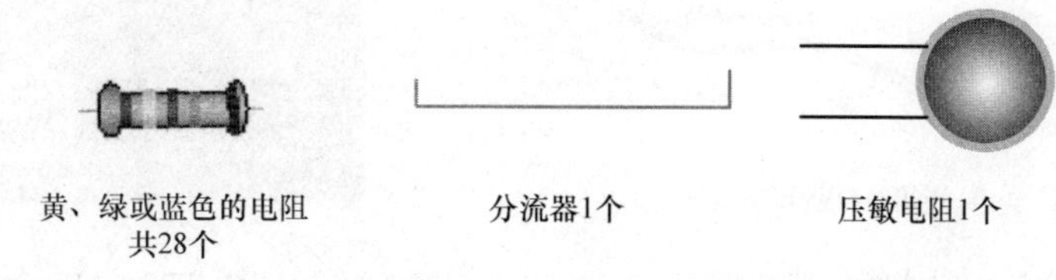

图 7-17　电阻

2. 可调电阻（图 7-18）

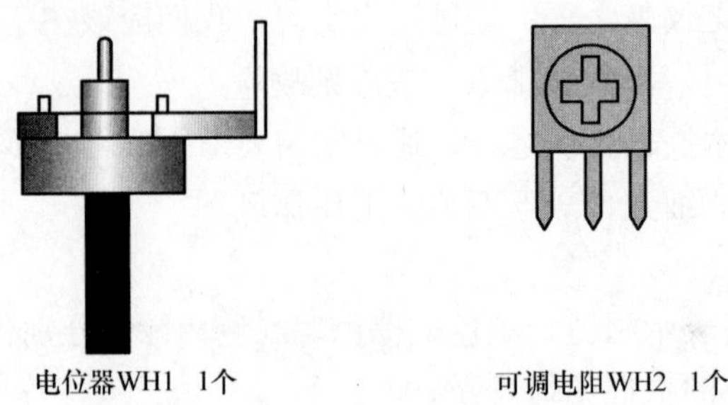

图 7-18 可调电阻

轻轻拧动电位器的黑色旋钮，可以调节电位器的阻值。

用十字螺钉旋具轻轻拧动可调电阻的橙色旋钮，也可调节可调电阻的阻值。

3. 二极管、熔丝夹（图 7-19）

图 7-19 二极管、熔丝夹

4. 电容（图 7-20）

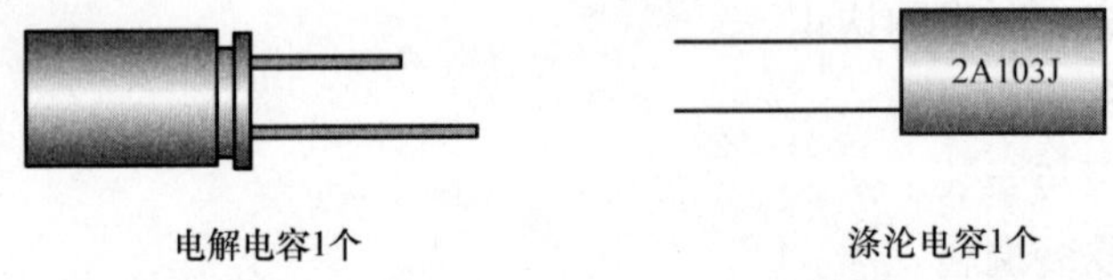

图 7-20 电容

5. 熔丝、连接线、短接线（图 7-21）

6. 线路板（图 7-22）

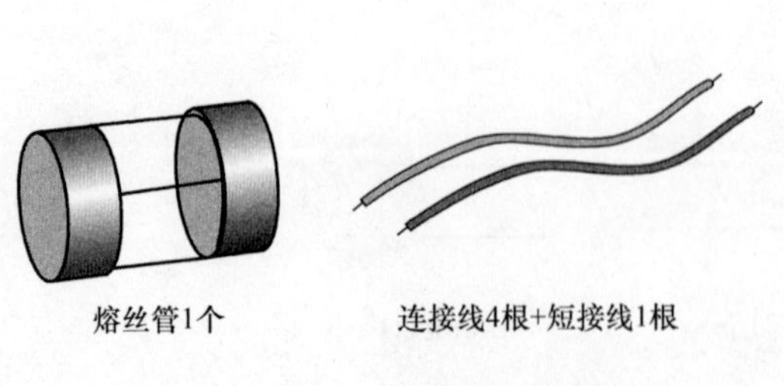

图 7-21 熔丝、连接线、短接线

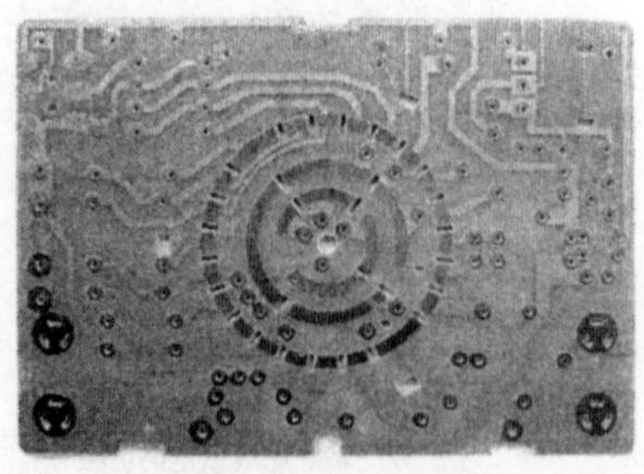

图 7-22 MF—47线路板

7. 面板+表头、档位开关旋钮、电刷旋钮（图 7-23）

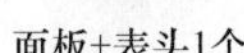

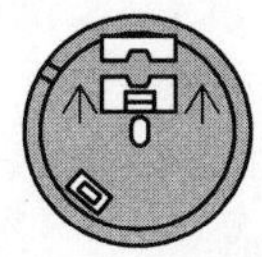

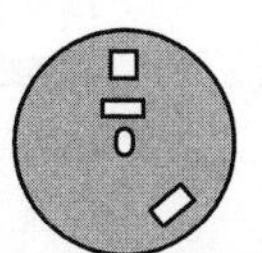

图 7-23　面板+表头、档位开关旋钮、电刷旋钮

8. 电位器旋钮、晶体管插座、后盖及电池盖板（图 7-24）

图 7-24　电位器旋钮、晶体管插座、后盖

9. 螺钉、弹簧、钢珠（图 7-25）

螺钉 M3×6 表示螺钉螺纹部分直径为 3mm，长度为 6mm。

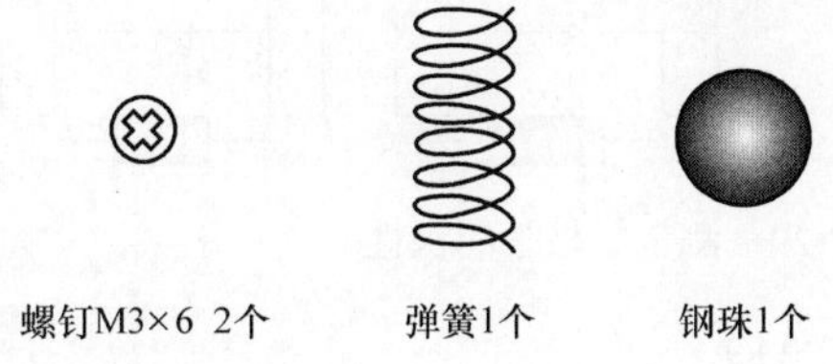

图 7-25　螺钉、弹簧、钢珠

10. 电池夹、铭牌（图 7-26）

标志请贴好，防止东西掉进表头内部。

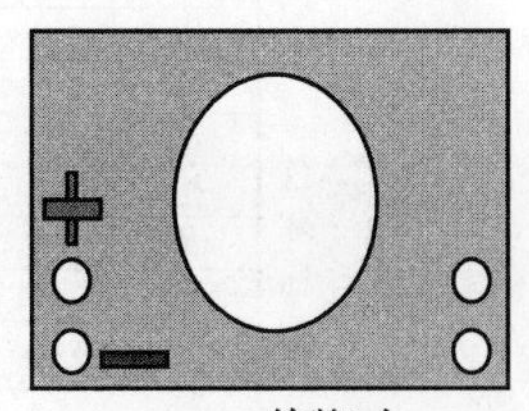

图 7-26　电池夹、铭牌

11. V 形电刷、晶体管插片、输入插管（图 7-27）

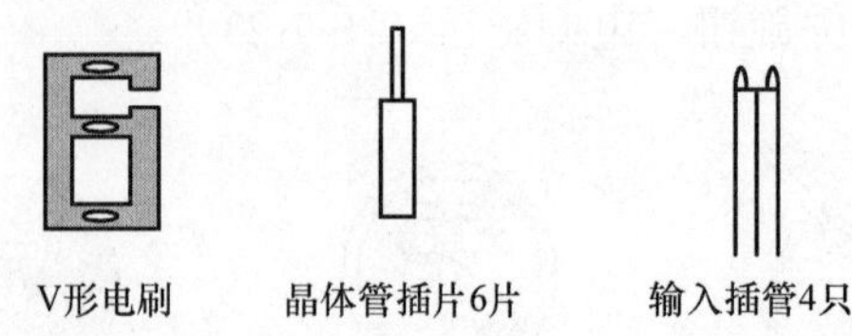

图 7-27　V形电刷、晶体管插片、输入插管

12. 表笔（图 7-28）

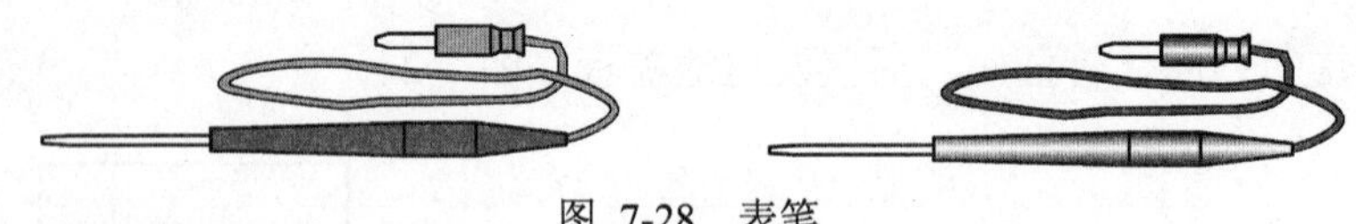

图 7-28　表笔

第二步：二极管、电容、电阻的认识

1.　二极管极性判断（图 7-29）

2. 区分电解电容器的极性（图 7-30）

根据正接时漏电流小（阻值大），反接时漏电流大的特性来判断。

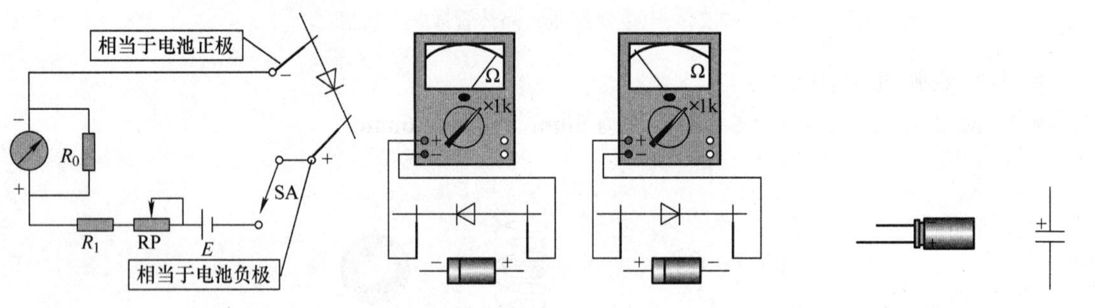

图 7-29　测量二极管的极性　　　图 7-30　区分电解电容器的极性

3. 认识色环电阻（图 7-31）

	颜色	Ⅰ	Ⅱ	Ⅲ	倍率	误差
色环标志	黑	0	0	0	10^0	
	棕	1	1	1	10^1	±1%
	红	2	2	2	10^2	±2%
	橙	3	3	3	10^3	
	黄	4	4	4	10^4	
	绿	5	5	5	10^5	±0.5%
	蓝	6	6	6		±0.25%
	紫	7	7	7		±0.1%
	灰	8	8	8		
	白	9	9	9		
	金				10^{-1}	±5%
	银				10^{-2}	±10%

图 7-31　色环电阻

[小窍门]

1）金色和银色只能是乘数和允许误差，一定放在右边。

2）表示允许误差的色环比别的色环稍宽，距别的色环稍远。

3）我们用的电阻大都允许误差是±1%的，用棕色色环表示，因此棕色一般都在最右边。

第三步：焊接前的准备工作

1. 清除元器件表面的氧化层

左手捏住电阻或其他元器件的本体，右手用锯条轻刮元器件引脚的表面，左手慢慢地转动，直到表面氧化层全部去除，如图 7-32 所示。

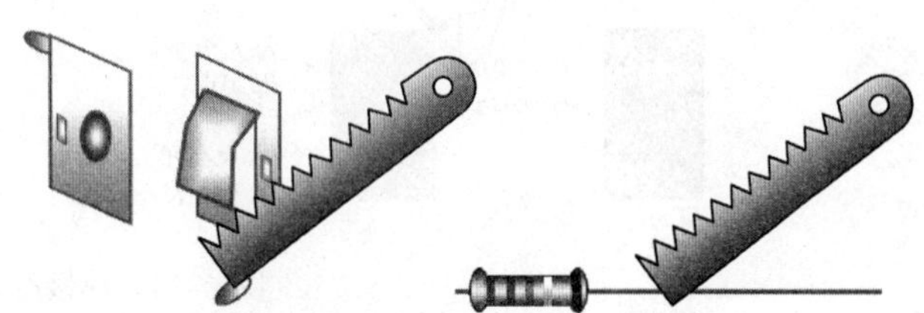

图 7-32　清除元器件表面的氧化层

2. 元器件引脚的弯制成形(图 7-33a)

3. 引脚的弯曲（图 7-33b）

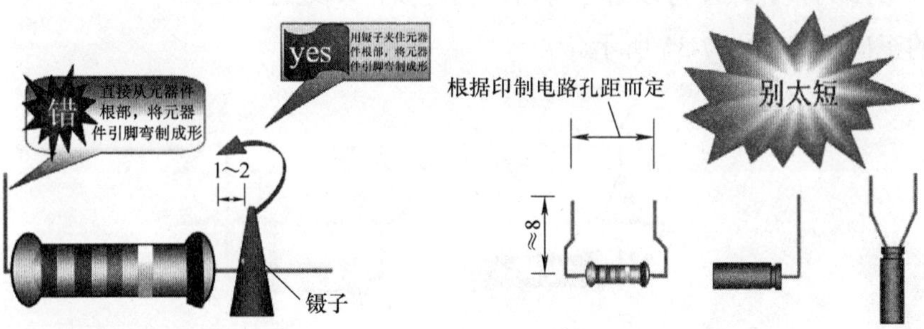

a)

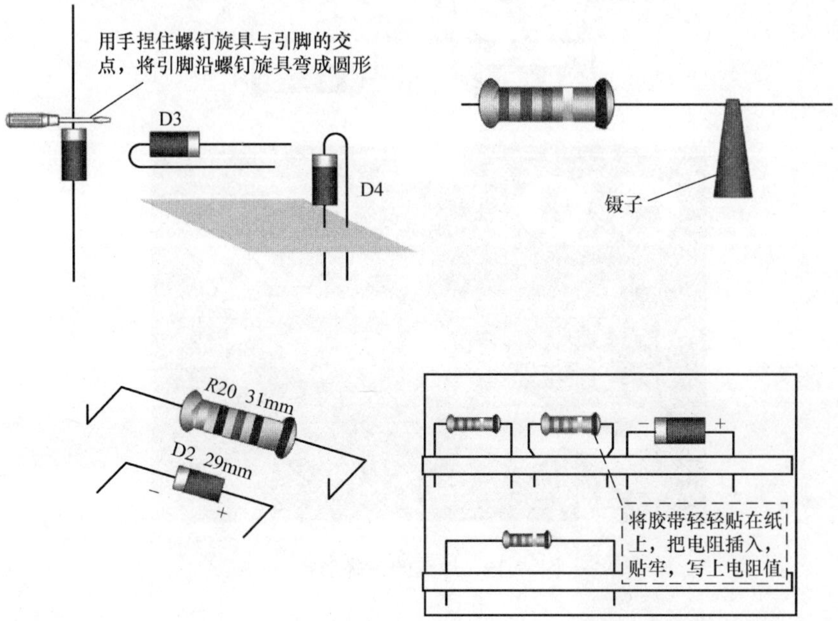

b)

图 7-33　元器件引脚的弯制成形

4. 在练习板上焊接（图 7-34）

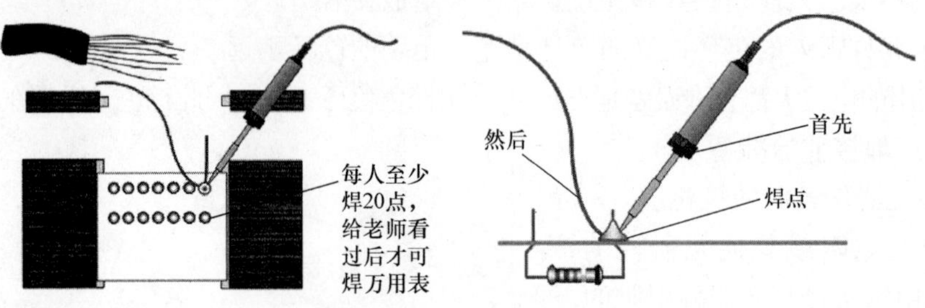

图 7-34 焊接练习

练习时注意不断总结，把握加热时间、送锡量，不可在一个点加热较长时间，否则会使印制电路的焊盘烫坏。

注意尽量排列整齐，才可以看出练习后的进步，以改进不足。

焊点的正确形状如图 7-35 所示。

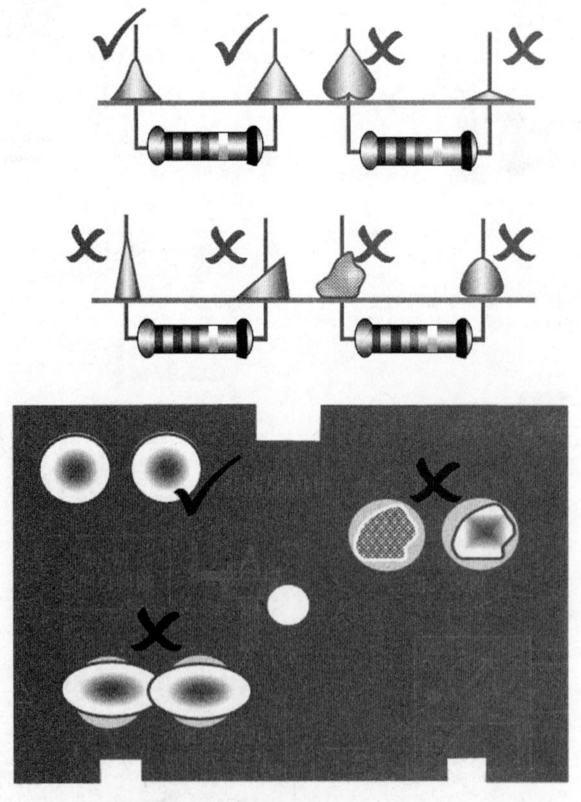

图 7-35 焊点的正确形状

5. 电位器阻值的测量

首先进行万用表调零，然后进行电位器阻值的测量，如图 7-36 所示。

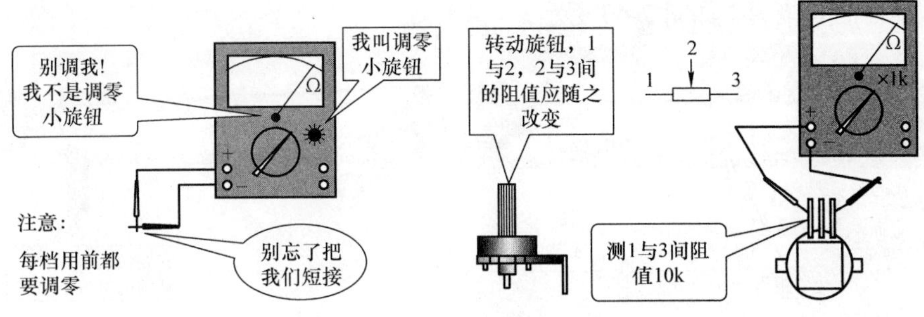

图 7-36　电位器阻值的测量

第四步：元器件焊接与安装

1. 线路板正面元器件的安装（图 7-37）

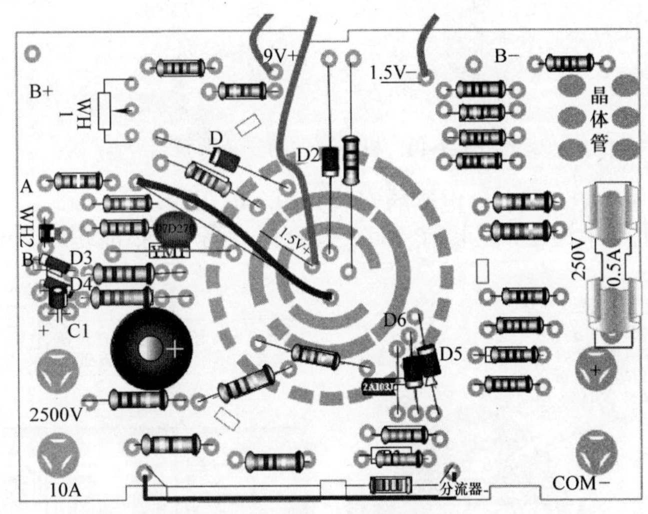

图 7-37　线路板正面

2. 线路板背面元器件的安装（图 7-38）

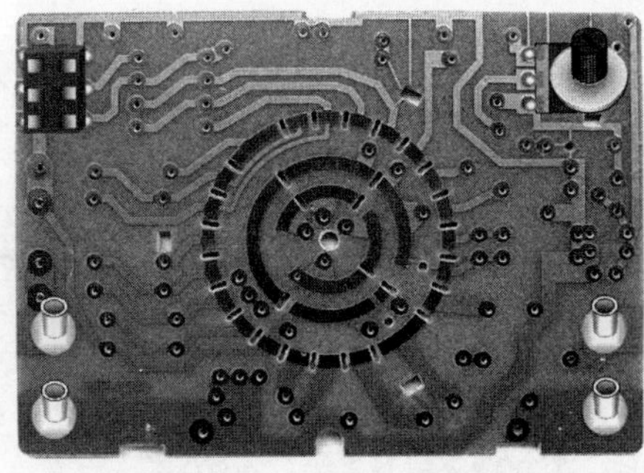

图 7-38　线路板背面

3. 元器件的焊接方法（图 7-39）

第五步：机械部件的安装调整

机械部件的安装调整如图 7-40 所示。

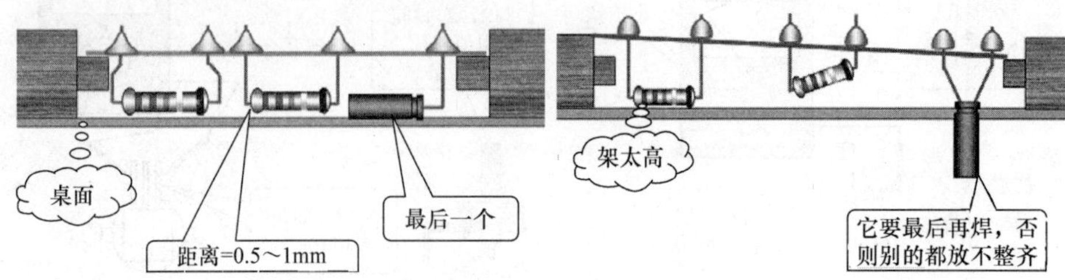

图 7-39　元器件的焊接

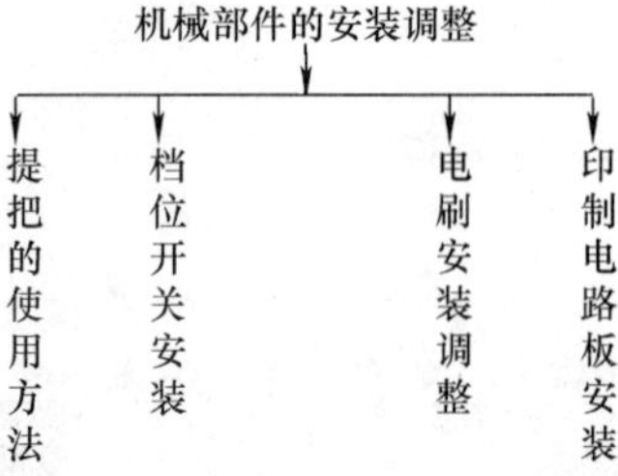

图 7-40　机械部件的安装调整

特别要注意电刷的安装要求，电刷的安装如图 7-41 所示。

白色的焊点在电刷中通过，安装前一定要检查焊点高度，不能超过 2mm，直径不能太大，否则会把电刷刮坏

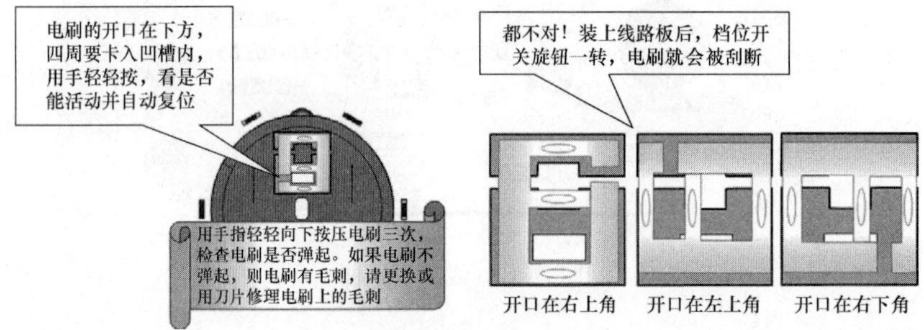

a)　电刷的安装

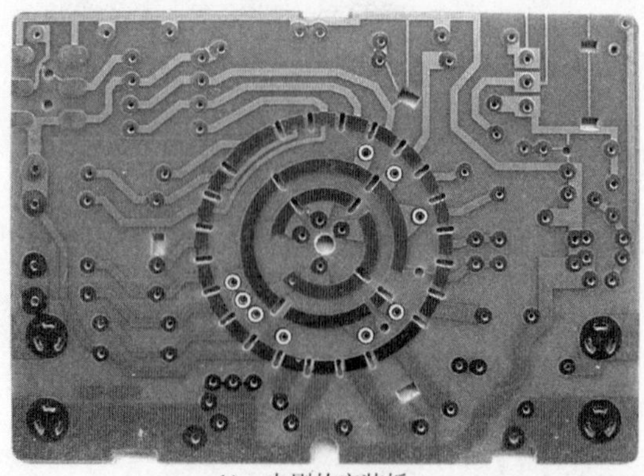

b)　电刷的安装板

图 7-41　电刷的安装

第六步：故障的排除

故障的排除如图 7-42 所示。

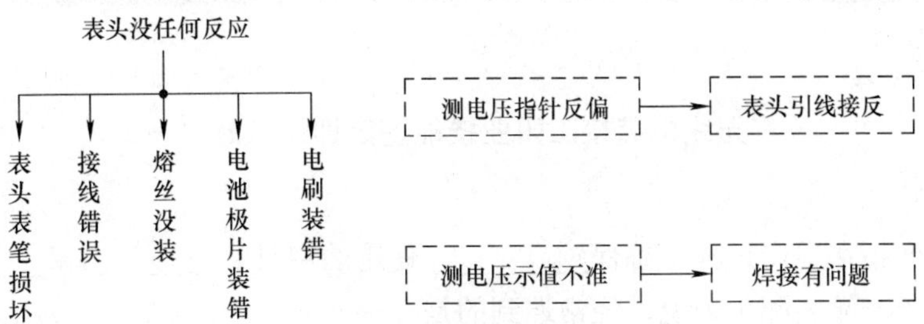

图 7-42　故障的排除

考核要求

- 无错装漏装。
- 档位开关旋钮转动灵活。
- 焊点大小合适、美观，无虚焊。
- 器件无丢失损坏。
- 调试符合要求。
- 能正确使用各个档位。

无线电装接工职业技能鉴定训练试题

无线电装接工职业技能鉴定训练试题（一）

一、填空题

1. 安全生产指在生产过程中确保________、使用的用具、________和________的安全。

2. 对于电子产品装配工来说，经常遇到的是________安全问题。

3. 文明生产就是创造一个布局合理、________的生产和工作环境，人人养成________和严格执行工艺操作规程的习惯。

4. ________是保证产品质量和安全生产的重要条件。

5. 安全用电包括________安全、________安全及________安全三个方面，它们是密切相关的。

6. 电气事故习惯上按被危害的对象分为________和________（包括线路事故）两大类。

7. 在日常生活中，任何两个不同材质的物体接触后再分离，即可产生静电，而产生静电的最普通方式，就是________和________起电。

8. 静电的危害是由于静电放电和静电场力而引起的。因此静电的基本物理特性为：________的相互吸引；与大地间有________；会产生________。

9. 在防静电工作中，防静电的三大基本方法是：________、________、________。

二、选择题

1. 人身事故一般指（　）。

A. 电流或电场等电气原因对人体的直接或间接伤害

B. 仅由于电气原因引发的人身伤亡

C. 通常所说的触电或被电弧烧伤

2. 接触起电可发生在（　）。

A. 固体－固体、液体－液体的分界面上

B. 固体－液体的分界面上

C. 以上全部

3. 防静电措施中最直接、最有效的方法是（　）。

A. 接地

B. 静电屏蔽

C. 离子中和

三、判断题

1. 在任何环境下，国家规定的安全电压均为36V。（　）

2. 安全用电的研究对象是人身触电事故发生的规律及防护对策。（　）

3. 就安全用电的内涵而言，它既是科学知识，又是专业技术，还是一种制度。（　）

4. 摩擦是产生静电的主要途径，材料的绝缘性越差，越容易使其摩擦生电。（ ）

5. 摩擦是产生静电的主要途径和唯一方式。（ ）

6. 固体粉碎、液体分裂过程的起电都属于感应起电。（ ）

7. 一个元件生产出来以后，一直到它损坏之前，所有的过程都受到静电的威胁。（ ）

四、简答题

1. 在严格遵守操作规程的前提下，对从事电工、电子产品装配和调试的人员，为做到安全用电，还应注意哪几点？

2. 什么是文明生产？文明生产的内容包括哪些方面？

3. 静电的危害通常表现在哪些方面？

4. 静电危害半导体的途径通常有哪几种？

5. 预防静电的基本原则是什么？

6. 静电的防护措施有哪些？

7. 完整的静电防护工作应具备哪些要素？

参考答案

一、填空题

1. 生产的产品　仪器设备　人身
2. 用电
3. 整洁优美　遵守纪律
4. 文明生产
5. 供电系统　用电设备　人身
6. 人身事故　设备事故
7. 感应　摩擦
8. 异种电荷　电位差　放电电流
9. 接地　静电屏蔽　离子中和

二、选择题

1. A　2. C　3. A

三、判断题

1.×　2.×　3. √　4.×　5.×　6.×　7. √

四、简答题

1. 答：（1）在车间使用的局部照明灯、手提电动工具、高度低于 2.5m 的普通照明灯等，应尽量采用国家规定的 36V 安全电压或更低的电压。

（2）各种电气设备、电气装置、电动工具等，应接好安全保护地线。

（3）操作带电设备时，不得用手触摸带电部位，不得用手接触导电部位来判断是否有电。

（4）电气设备线路应由专业人员安装。发现电气设备有打火、冒烟或异味时，应迅速切断电源，请专业人员进行检修。

（5）在非安全电压下作业时，应尽可能用单手操作，并应站在绝缘胶垫上。在调试高压设备时，地面应铺绝缘垫，操作人员应穿绝缘胶靴，戴绝缘胶手套，使用有绝缘柄工具。

（6）检修电气设备和电器用具时，必须切断电源。如果设备内有电容器，则所有电容器都必须充分放电，然后才能进行检修。

（7）各种电气设备插头应经常保持完好无损，不用时应从插座上拔下。从插座上取下电线插头时，应握住插头，而不要拉电线。工作台上的插座应安装在不易碰撞的位置，若有损坏应及时修理或更换。

（8）开关上的熔丝应符合规定的容量，不得用铜、铝导线代替熔丝。

（9）高温电气设备的电源线严禁采用塑料绝缘导线。

（10）酒精、汽油、香蕉水等易燃品，不能放在靠近电器处。

2. 答：文明生产就是创造一个布局合理、整洁优美的生产和工作环境，人人养成遵守纪律和严格执行工艺操作规程的习惯。

文明生产的内容包括以下几个方面：

（1）厂区内各车间布局合理，有利于生产安排，且环境整洁优美。

（2）车间工艺布置合理，光线充足，通风排气良好，温度适宜。

（3）严格执行各项规章制度，认真贯彻工艺操作规程。

（4）工作场地和工作台面应保持整洁，使用的工具材料应各放其位，仪器仪表和安全用具要保管有方。

（5）进入车间应按规定穿戴工作服、鞋、帽。必要时应戴手套（如焊接镀银件）。

（6）讲究个人卫生，不得在车间内吸烟。

（7）生产用的工具及各种准备件应堆放整齐，方便操作。

（8）做到操作标准化、规范化。

（9）厂内传递工件时应有专用的传递箱。对机箱外壳、面板装饰件、刻度盘等易划伤的工件应有适当的防护措施。

（10）树立把方便让给别人、困难留给自己的精神，为下一班、下一工序做好服务。

3. 答：静电的危害通常表现为：

（1）元器件吸附灰尘，改变线路间的电阻，影响元器件的功率和寿命。

（2）可能因破坏元器件的绝缘性或导电性而使元器件不能工作（全部破坏）。

（3）减少元器件的使用寿命或因元器件暂时性的正常工作（实际已受静电危害）而埋下安全隐患。

（4）由于静电放电所造成的器件残次，将使修理或更换的费用成百倍增加。

4. 答：静电危害半导体的途径通常有三种：

（1）人体带电使半导体损坏。

（2）电磁感应使器件损坏。

（3）器件本身带电使器件损坏。

5. 答：（1）抑制或减少厂房内静电荷的产生，严格控制静电源。

（2）安全、可靠、及时地消除厂房内产生的静电荷，避免静电荷积累。

（3）定期（如一周）对防静电设施进行维护和检验。

6. 答：（1）预防人体带电对敏感元器件的影响：对实际操作人员必须进行上岗前防静电知识培训；在厂房入口处安装金属门帘和离子风机等；入厂人员要穿防静电工作服和防静电鞋；要佩戴防静电手环或防静电手套；工作台面上应铺有防静电台垫并可靠接地；生产厂房、实验室应布有符合标准的接地系统。

（2）预防电磁感应的影响：将元器件或其组件放置到远离电场的地方。

（3）预防器件本身带电的影响：各工序的IC器件应使用专门的静电屏蔽容器。

（4）有效控制工作环境的湿度。

7. 答：一个完整的静电防护工作应具备：完整的静电安全工作区域；适当的静电屏蔽容器；工作人员具备完全的防护观念；警示客户（包含元器件装配、设备使用和维护人员），使客户不因不知道而造成破坏。

无线电装接工职业技能鉴定训练试题（二）

一、填空题

1. 电子产品的生产是指产品从________、________到商品售出的全过程。该过程包括________、________和________三个主要阶段。

2. 产品设计完成后，进入产品试制阶段。试制阶段是正式投入批量生产的前期工作，试制一般分为________和________两个阶段。

3. 电子产品生产的基本要求包括：生产企业的设备情况、________、________以及生产管理水平等方面。

4. 电子产品装配的工序因设备的种类、规模不同，其结构也有所不同，但基本工序并没有什么变化，其过程大致可分为________、________、________、________、________、________或________等几个阶段。

5. 与整机装配密切相关的是各项准备工序，即对整机所需的各种导线、________、________等进行预先加工处理的过程。

6.导线需经过剪裁、剥头、捻头、清洁等过程进行加工处理。端头处理包括普通导线的端头加工和________的线端加工两种。

7. 浸锡是为了提高导线及元器件在整机安装时的焊接性，是防止产生________、________的有效措施之一。

8. 组合件是指由两个以上的________、________经焊接、安装等方法构成的部件。

9. 完成准备工序的各项任务后，即可进入印制电路板的组装（装连）过程。这个过程一般分两个步骤完成，一是________，二是________，因此也将此过程称为装连。

10. 整机装配是将（经调试或检验）合格的单元功能电路板及其他配套零部件，通过铆装、________、________、________、插接等手段，安装在规定的位置上（产品面板或机壳上）的过程。

11. 整机检验应按照产品的技术文件要求进行。检验的内容包括：检验整机的各种________性能、力学性能和________等。

12. 电子产品的包装，通常着重于方便________和________两个方面。

13. 在流水操作的工序划分时，要注意到每人操作所用的时间应相等，这个时间称为________。

14. 工艺文件分为两类：一种是________文件，它是应知应会的基础；另一种是________文件，如工艺图样、图表等，它是针对产品的具体要求制订的，用以安排和指导生产。

15. 工艺规程是规定产品和零件的________和________等的工艺文件，是工艺文件的主要部分。

16. 工艺路线表用于产品生产的安排和调度，反映产品由________到________的整个工艺过程。

17. 设计文件按表达的内容，可分为________、________、________等几种。

18. 设计文件格式有多种，但每种设计文件上都有________和________，装配图、接线图等设计文件还有________。

19. ________是指导产品及其组成部分在使用地点进行安装的完整图样。

二、选择题

1. 技术文件的种类、数量随电子产品的不同而不同，总体上分为设计文件和工艺文件。其中，（ ）。

A. 设计文件必须标准化

B. 工艺文件必须标准化

C. 无论是设计文件还是工艺文件都必须标准化

2. 准备工序是多方面的，它与（ ）有关。

A. 产品复杂程度、元器件的结构和装配自动化程度

B. 产品复杂程度、元器件的多少和装配自动化程度

C. 产品复杂程度、元器件的结构和流水线的规模

3. 整机调试包括调整和测试两部分工作，即（ ）。

A. 对整机内固定部分进行调整，并对整机的电气性能进行测试

B. 对整机内可调部分进行调整，并对整机的力学性能进行测试

C. 对整机内可调部分进行调整，并对整机的电气性能进行测试

4. 编制工艺文件应标准化，技术文件要求全面、准确，严格执行国家标准。在没有国家标准条件下也可执行企业标准，但（ ）。

A. 企业标准不能与国家标准相左，或高于国家标准要求

B. 企业标准不能与国家标准相左，或低于国家标准要求

C. 企业标准不能与国家标准相左，可高于或低于国家标准要求

5. 工艺文件明细表是工艺文件的目录。成册时，应装在（ ）。

A. 工艺文件的最表面

B. 工艺文件的封面之后

C. 无论什么地方均可，但应尽量靠前

6. （ ）是详细说明产品各元器件、各单元之间的工作原理及其相互间连接关系的略图，是设计、编制接线图和研究产品时的原始资料。

A. 电路图　　B. 装配图　　C. 安装图

7. 在电路图中各元件的图形符号的左方或上方应标出该元器件的（ ）。

A. 图形符号　　B. 项目代号　　C. 名称

8. 仅在一面装有元器件的装配图，只需画一个视图。如两面均装有元器件，一般应画（ ）

A. 两个视图　　B. 三个视图　　C. 两个或三个视图

三、判断题

1. 开发产品的最终目的是达到批量生产，生产批量越大，生产成本越高，经济效益也越高。（ ）

2. 电子产品的生产企业，应该具备与所生产的产品相配套的、完善的仪器设备，而对生产场所无严格要求。（ ）

3. 在电子产品的制造过程中，科学的管理已成为第二要素。（　）

4. 在电子产品生产过程中，对电子元器件等材料的基本要求中提到：产品中的零部件、元器件品种和规格应尽可能多，以提高产品质量，降低成本，并便于生产管理。（　）

5. 在准备工序中，如果设备比较集中，操作比较简单，可节省人力和工时，提高生产率，确保产品的装配质量。（　）

6. 元器件的分类一般分前期工作与后期工作。其中前期工作指按元器件、部件、零件、标准件、材料等分类入库，按要求存放、保管。后期工作指按流水线作业的装配工序所用元器件、材料等分类，并配送到每道工序位置。（　）

7. 一般情况下的筛选，主要是查对元器件的型号、规格，并不进行外观检查。（　）

8. 产品样机试制或学生整机安装实习时，常采用手工独立插装、手工焊接方式完成印制电路板的装配。（　）

9. 电子产品是以机械装配为主导、以其印制电路板组件为中心进行焊接和装配的。（　）

10. 产品生产流水线中传送带的运行有两种方式：一种是间歇运动（即定时运动），另一种是连续匀速运动。（　）

11. 工艺文件与设计文件同是指导生产的文件，两者是从不同角度提出要求的。（　）

12. 编制准备工序的工艺文件时，无论元器件、零部件是否适合在流水线上安装，都可安排到准备工序完成。（　）

13. 凡属装调工应知应会的基本工艺规程内容，应全部编入工艺文件。（　）

14. 工艺文件的字体要规范，书写要清楚，图形要正确。工艺图上可尽量多用文字说明。（　）

15. 在接线面背面的元件或导线，绘制接线图时应用虚线表示。（　）

16. 装配图上的元器件一般以图形符号表示，有时也可用简化的外形轮廓表示。（　）

17. 框图是指示产品部件、整机内部接线情况的略图，是按照产品中元器件的相对位置关系和接线点的实际位置绘制的。（　）

四、简答题

1. 电子产品的生产装配过程包括哪些环节？

2. 电子产品的生产过程包括哪三个主要阶段？

3. 参观实际生产线，并以实际生产线为例，说明整机总装的工艺流程。

4. 编制工艺文件的原则是什么？

5. 常用的设计文件有哪些？

6. 设计文件和工艺文件是怎样定义的？它们的关系如何？

参考答案

一、填空题

1. 研制　开发　设计　试制　批量生产

2. 样品试制　小批试制

3. 技术和工艺水平　生产能力和生产周期

4. 装配准备　装连　调试　检验　包装　入库　出厂

5. 元器件　零部件
6. 屏蔽导线
7. 虚焊　假焊
8. 元器件　零件
9. 插装　连接
10. 螺装　粘接　锡焊连接
11. 电气　外观
12. 运输　储存
13. 流水的节拍
14. 通用工艺规程　工艺管理
15. 制造工艺过程　操作方法
16. 毛坯准备　成品包装
17. 图样　略图　文字和表格
18. 主标题栏　登记栏　明细栏
19. 安装图

二、选择题

1. C　2. A　3. C　4. B　5. B　6. A　7. B　8. A

三、判断题

1.×　2.×　3.×　4.×　5. √　6. √　7.×　8. √　9.×　10. √　11. √　12.×　13.×
14.×　15. √　16. √　17.×

四、简答题

1. 答：包括从元器件、零件的产生到整件、部件的形成，再到整机装配、调试、检验、包装、入库、出厂等多个环节。

2. 答：生产过程包括设计、试制和批量生产三个主要阶段。

3. 答：（1）装配准备：筛选及检测元器件、导线加工及元器件引线成形。（2）印制电路板的装配。（3）其他部件的组装。（4）调试。（5）检验。（6）包装。（7）入库或出厂。

4. 答：（1）编制工艺文件应标准化，技术文件要求全面、准确，严格执行国家标准。

（2）编制工艺文件应具有完整性、正确性、一致性。

（3）编制工艺文件，要根据产品的批量、技术指标和复杂程度区别对待。对于简单产品可编写某些关键工序的工艺文件；对于一次性生产的产品，可根据具体情况编写临时工艺文件或参照借用同类产品的工艺文件。

（4）编制工艺文件要考虑到车间的组织形式、工艺装备以及工人的技术水平等情况，确保工艺文件的可操作性。

（5）对于未定型的产品，可编写临时工艺文件或编写部分必要的工艺文件。

（6）工艺文件应以图为主，表格为辅，力求做到通俗易懂，便于操作，必要时加注简要说明。

（7）凡属装调工应知应会的基本工艺规程内容，可不再编入工艺文件。

5. 答：电路图（电原理图）；印制电路板装配图；安装图；框图；接线图等。

6. 答：设计文件是由设计部门制定的，是产品在研究、设计、试制和生产实践过程中积累而形成的图样及技术资料。工艺文件是组织、指导生产，开展工艺管理的各种技术文件的总称。

工艺文件与设计文件同是指导生产的文件，两者是从不同角度提出要求的。设计文件是原始文件，是制订工艺文件、组织产品生产和产品使用维护的基本依据。而工艺文件是根据设计文件提出的加工方法，是工厂组织、指导生产的主要依据和基本法规，是确保优质、高产、多品种、低消耗和安全生产的重要手段。

无线电装接工职业技能鉴定训练试题（三）

一、填空题

1. 导线的粗细标准称为________，有________和________两种表示方法。我国采用________，而英、美等国家采用________。

2. 使绝缘物质击穿的电场强度被称为________。

3. 阻焊剂是一种耐________温的涂料，广泛用于波峰焊和浸焊。

4. 表面没有绝缘层的金属导线称为________线。

5. 线材的选用要从________条件、________条件和机械强度等多方面综合考虑。

6. 常用线材分为________和________两类，它们的作用是________________。

7. 绝缘材料按物质形态可分为________绝缘材料、________绝缘材料和________绝缘材料三种类型。

8. 硬磁材料主要用来储藏和供给________能。

9. 焊料按熔点不同可以分为________焊料和________焊料。在电子产品装配中，常用的焊料是________；常用的助焊剂是________类助焊剂，其主要成分是松香。

10. 磁性材料通常分为两大类：________材料和________材料。

11. 表征电介质极化程度的物理量称为_______。中性电介质的介电常数一般_______（填“大于”或“小于”）10，而极性电介质的介电常数一般_______（填“大于”或“小于”）10。

12. 电缆线是由________、________、________和________组成的。

13. 同轴电缆线的特性阻抗有________Ω和________Ω两种。

14. 绝缘材料大都多或少地具有从周围媒质中吸潮的能力，称为绝缘材料的________性。

15. 印制电路板按其结构可以分为______印制电路板、________印制电路板、________印制电路板和________印制电路板。

二、选择题

1. 绝缘材料又称为（　）。

A. 磁性材料　　B. 电介质　　C. 辅助材料

2.（　）可用于同类或不同类材料之间的胶接。

A. 阻焊剂　　B. 黏合剂　　C. 助焊剂

3.软磁材料主要用来（　）。

A. 导磁　　B. 储能　　C. 供给磁能

4.在绝缘基板覆铜箔两面制成印制导线的印制板称为（　）。

A. 单面印制电路板　　B. 双面印制电路板　　C. 多层印制电路板

5.具有挠性，能折叠、弯曲、卷绕，自身可端接以及三维空间排列的印制电路板称为（　）印制电路板。

A. 双面　　B. 多层　　C. 软性

6. 构成电线与电缆的核心材料是（　）。

A. 导线　　B. 电磁线　　C. 电缆线

7. 对不同频率的电路应选用不同的线材，要考虑高频信号的（ ）。

A. 特性阻抗　　B. 趋肤效应　　C. 阻抗匹配

8. 覆以铜箔的绝缘层压板称为（ ）。

A. 覆铝箔板　　B. 覆铜箔板　　C. 覆箔板

9. 硬磁材料的主要特点是（ ）。

A. 高磁导率　　B. 低矫顽力　　C. 高矫顽力

10. 用于各种电声器件的磁性材料是（ ）。

A. 硬磁材料　　B. 金属材料　　C. 软磁材料

三、判断题

1. 屏蔽导线不能防止导线周围的电场或磁场干扰电路正常工作。（ ）

2. 如果受到空气湿度的影响，会引起电介质的介电常数增加。（ ）

3. 导线在电路中工作时的电流要大于它的允许电流值。（ ）

4. 介质损耗的主要原因是漏导损耗和极化损耗。（ ）

5. SBVD 型电视引线的特性阻抗为 300Ω。（ ）

6. 当温度超过绝缘材料所允许的承受值时，将产生电击穿而造成电介质的损坏。（ ）

7. 电磁线主要用于绕制电机、变压器、电感线圈的绕组。（ ）

8. 电缆线的导体的主要材料是铜线或铝线，是采用多股细线绞合而成的。（ ）

四、简答题

1. 简述助焊剂的作用。

2. 简述覆铜箔板的种类及选用方法。

3. 使用助焊剂应注意哪些问题？

参考答案

一、填空题

1. 线规　线径制　线号制　线径制　线号制

2. 绝缘强度（绝缘耐压强度）

3. 高

4. 裸导

5. 电路　环境

6. 电线　电缆　传输电能或电磁信号

7. 气体　液体　固体

8. 磁

9. 软　硬　软焊料（锡铅焊料）　树脂

10. 软磁　硬磁

11. 介电常数　小于　大于

12. 导体　绝缘层　屏蔽层　护套

13. 50　75

14. 吸湿

15. 单面　双面　多层　软性

二、选择题

1. B　2. B　3. A　4. B　5. C　6. A　7. B　8. B　9. C　10. A

三、判断题

1.×　2. √　3.×　4. √　5. √　6.×　7. √　8. √

四、简答题

1. 答：助焊剂主要用于锡铅焊接中，有助于清洁被焊接面，防止氧化，增加焊料的流动性，使焊点易于成形，提高焊接质量。

2. 答：覆铜箔板的种类有：酚醛纸基覆铜箔层压板、环氧酚醛玻璃布覆铜箔层压板、环氧玻璃布覆铜箔层压板、聚四氟乙烯玻璃布覆铜箔层压板四种。

覆铜箔层压板的选用主要由产品的技术要求、工作环境和工作频率，同时兼顾经济性来决定。在保证产品质量的前提下，优先考虑经济效益，选用价格低廉的覆铜箔层压板，以降低产品的成本。

3. 答：应注意：

（1）常用的松香助焊剂焊接后的残渣对发热元件有较大的危害，所以要在焊接后清除焊剂残留物。

（2）存放时间过长的助焊剂不宜使用。因为助焊剂存放时间过长时，助焊剂的成分会发生变化，影响焊接质量。

（3）若引线表面状态不好，可选用活化性强和清除氧化物能力强的助焊剂。

（4）若焊件基本上都处于焊接性较好的状态，可选用助焊剂性能不强、腐蚀性较小、清洁度较好的助焊剂。

无线电装接工职业技能鉴定训练试题（四）

一、填空题

1. 电阻器的标识方法有________法、________法、________法和________法。

2. 集成电路最常用的封装材料有________、________、________三种，其中使用最多的封装形式是________封装。

3. 半导体二极管又叫晶体二极管，是由一个PN结构成的，它具有________性。

4. 1F＝________μF=________nF= ________pF；1MΩ＝________kΩ=________Ω。

5. 变压器的故障有________和________两种。

6. 晶闸管又称________，目前应用最多的是________和________晶闸管。

7. 电阻器通常称为电阻，在电路中起________、________和________等作用，是一种应用非常广泛的电子元件。

8. 电阻值在规定范围内可连续调节的电阻器称为________。

9. 晶体管又叫双极型晶体管，它的种类很多，按PN结的组合方式可分为________型和________型。

10. 变压器的主要作用是用于________变换、________变换、________变换。

11. 电阻器的主要技术参数有________、________和________。

12. 光耦合器以________为媒介，用来传输________信号，能实现“电→光→电”的转换。

13. 用于完成电信号与声音信号相互转换的元器件称为________元器件。

14. 表面安装元器件SMC、SMD又称为________元器件或________元器件。

15. 霍尔元件具有将磁信号转变成________信号的能力。

16. 电容器在电子电路中起到________、________、________和调谐等作用。

17. 电容器的主要技术参数有________、________和________。

18. 在电子整机中，电感器主要指________和________。

19. 电感线圈有通________而阻碍________的作用。

20. 继电器的接点有________型、________型和________型三种形式。

21. 在电子整机中，电感器主要指________和________。

22. 表示电感线圈品质的重要参数是________。

二、选择题

1. 用指针式万用表$R\times1$k档，将表笔接触电容器（1μF以上的容量）的两个引脚，若表头指针不摆动，说明电容器（　）。

A. 没有问题　　B. 短路　　C. 开路

2. 电阻器的温度系数越小，则它的稳定性越（　）。

A. 好　　B. 不好　　C. 不变

3. 用指针式万用表$R\times1$k档测电解电容器的漏电阻值，在两次测试中，测得漏电阻值小的那一次，黑表笔接的是电解电容的（　）极。

A. 正　　B. 负

4. 发光二极管的正向压降为（　）左右。

A. 0.2V　　B. 0.7V　　C. 2V

5. 在选择电解电容时，应使线路的实际电压相当于所选额定电压的（　）。

A. 50%～70%　　B. 100%　　C. 150%

6. PTC 热敏电阻器是一种具有（　）温度系数的热敏元件。

A. 恒定　　B. 正　　C. 负

7.硅二极管的正向压降是（　）。

A. 0.7V　　B. 0.2V　　C. 1V

8. 电容器在工作时，加在电容器两端的交流电压的（　）不得超过电容器的额定电压，否则会造成电容器的击穿。

A. 最小值　　B. 有效值　　C. 峰值

9. 将发光二极管制成条状，再按一定的方式连接成“8”的形状即构成（　）。

A. LED 数码管　　B. 荧光显示器　　C. 液晶显示器

10.光敏二极管能把光能转变成（　）。

A. 磁能　　B. 电能　　C. 光能

三、判断题

1. 发光二极管与普通二极管一样具有单向导电性，所以它的正向压降值和普通二极管一样。（　）

2. 对于集成电路空的引脚，我们可以随意接地。（　）

3. 我们说能用万用表检测 MOS 管的各电极。（　）

4. 光敏晶体管能将光能转变成电能。（　）

5. 接插件又称连接器或插头插座，相同类型的接插件其插头插座各自成套，不能与其他类型的接插件互换使用。（　）

6. 单列直插式封装的集成电路以正面朝向集成电路，引脚朝下，以缺口、凹槽或色点作为引脚参考标记，引脚编号顺序一般从左向右排列。（　）

7. 能用指针式万用表 $R\times1$ 和 $R\times10\text{k}$ 档对二极管进行检测。（　）

8. 继电器的接点状态应按线圈通电时的初始状态画出。（　）

9. 液晶显示器的特点是液晶本身不会发光，它需要借助自然光或外来光才能显示。（　）

10. 扬声器、传声器都属于电声器件，它们能完成光信号与声音信号之间的相互转换。（　）

四、写出下列元器件的标称值

1. CT81－0.022－1.6kV　　2. 560（电容）　　3. 47n

4. 203（电容）　　5. 334（电容）　　6. 6Ω ±10%

7. 33k±5%　　8. 棕黑棕银　　9. 黄紫橙金

10. 棕绿黑棕棕

五、简答题

1. 如何判断一个电位器的质量好坏？

2. 如何判断一个电容器的质量好坏？

3. 如何判断一个二极管的正、负极和质量好坏？

参考答案

一、填空题

1. 直标　文字符号　色标　数码表示

2. 塑料　陶瓷　金属　塑料

3. 单向导电性

4. 10^6　10^9　10^{12}　10^3　10^6

5. 开路（断路）　短路

6. 晶闸管　单向　双向

7. 分压　分流　限流

8. 可变电阻器（电位器）

9. NPN　PNP

10. 交流电压　电流　阻抗

11. 标称阻值和允许偏差　额定功率　温度系数

12. 光　电

13. 电声

14. 贴片　片式

15. 电

16. 耦合　滤波　隔直流

17. 标称容量和允许偏差　额定电压　绝缘电阻

18. 线圈　变压器

19. 直流　交流

20. H　D　Z

21. 线圈　变压器

22. 品质因数

二、选择题

1. C　2. A　3. B　4. C　5. A　6. B　7. A　8. C　9. A　10. B

三、判断题

1.×　2.×　3.×　4. √　5. √　6. √　7.×　8.×　9. √　10.×

四、写出下列元器件的标称值

1. 0.022 μF　2. 560pF　3. 47nF=0.047 μF　4. 0.02 μF　5. 0.33 μF

6. 6 Ω　7. 33k Ω　8. 100 Ω　9. 47k Ω　10. 1.5k Ω

五、简答题

1.答：选取指针式万用表合适的电阻档，用表笔分别连接电位器的两个固定端，测出的阻值即为电位器的标称阻值；然后将两表笔分别接在电位器的固定端和活动端，缓慢转动电位器的轴柄，电阻值应平稳地变化，如果发现有断续或跳跃现象，说明该电位器接触不良。

2.答：用万用表 $R\times1$k 档，将表笔接触电容器的两个引脚，接通瞬间，表头指针应向顺时针方向偏转，然后逐渐逆时针方向回复，如果不能复原，则稳定后的读数就是电容器的漏电电阻，阻值越大表示电容器的绝缘性能越好。若在上述检测过程中，表头指针不摆动，说明电容器开路；若表头指针向右摆动的角度不大且不回复，说明电容器已经击穿或严重漏电；若表头指针保持在 0 Ω 附近，说明该电容器内部短路。

3.答：用指针式万用表 $R\times100$ 和 $R\times1$k 档测其正、反向电阻，根据二极管的单向导电性可知，测得阻值小时与黑表笔相接的一端为正极；反之，为负极。若二极管的正、反向电阻相差越大，说明其单向导电性越好。若二极管正、反向电阻都很大，说明二极管内部开路；若二极管正、反向电阻都很小，说明二极管内部短路。

无线电装接工职业技能鉴定训练试题（五）

一、填空题

1. 常见的电烙铁有 __________、__________、__________等几种。

2. 内热式电烙铁由_________、_________、__________、_________四部分组成。

3. 手工烙铁焊接的五步法为_______、_________、_________、_________、__________。

4. 印制电路板上的元器件拆除方法有_________、_________、_________。

5. 波峰焊的工艺流程为_______、________、_________、________、_________、________。

6. 表面安装技术的特点为______、________、_________、_______。

7. SMT 电路基板按材料分为__________、_________两大类。

8. 表面安装方式分为_________、_________、________三种。

9. 对接插件连接的要求是：________、_________、_________、_________。

10. SMT 组件的检测包括_______、_________、_________、_________。

11. 塑料面板、机壳喷涂的工艺过程为_________、_________、_________、________。

12. 屏蔽分________、________、________三种。

13. 电子器件散热分为_________、_________、_________、________等方式。

二、选择题

1. 无线电装配中的手工焊接，焊接时间一般以（　）为宜。

A. 3s 左右　B. 3min 左右　C. 越快越好　D. 不定时

2. 烙铁头的锻打预加工成形的目的是（　）。

A. 增加金属密度，延长使用寿命　B. 为了能较好地镀锡

C. 在使用中更安全

3. 无线电装配中，浸焊焊接电路板时，浸焊深度一般为印制板厚度的（　）。

A. 50%~70%　B. 刚刚接触到印制导线　C. 全部浸入　D. 100%

4. 无线电装配中，浸焊的锡锅温度一般调在（　）。

A. 230~250℃　B. 183~200℃

C. 350~400℃　D. 低于 183℃

5. 超声波浸焊中，是利用超声波（　）。

A. 增加焊锡的渗透性　B. 加热焊料

C. 振动印制板　D. 使焊料在锡锅内产生波动

6. 波峰焊焊接工艺中，预热工序的作用是（　）。

A. 提高助焊剂活性，防止印制板变形　B. 降低焊接时的温度，缩短焊接时间

C. 提高元器件的抗热能力

7. 波峰焊焊接中，较好的波峰是达到印制板厚度的（　）为宜。

A. 1/2~2/3　B. 2 倍　C. 1 倍　D. 1/2 以内

8. 波峰焊接中，印制板选用 1m/min 的速度与波峰相接触，焊接点与波峰接触时间以（　）。

A. 3s 为宜　　B. 5s 为宜　　C. 2s 为宜　　D. 大于 5s 为宜

9. 在波峰焊焊接中为减少挂锡和拉毛等不良影响，印制板在焊接时通常与波峰（　）。

A. 成一个 5°～8° 的倾角接触　　B. 忽上忽下地接触

C. 先进再退再前进的方式接触

10. 印制电路板上（　）都涂上阻焊剂。

A. 整个印制板覆铜面　　B. 仅印制导线

C 除焊盘外其余印制导线　　D. 除焊盘外，其余部分

11. 无锡焊接是一种（　）的焊接。

A. 完全不需要焊料　　B. 仅需少量的焊料　　C. 使用大量的焊料

12. 用绕接的方法连接导线时，对导线的要求是（　）。

A. 单芯线　　B. 多股细线　　C. 多股硬线

13. 插桩流水线上，每一个工位所插元器件数目一般以（　）为宜。

A. 10~15 个　　B. 10~15 种　　C. 40~50 个　　D. 小于 10 个

14. 片式元器件的装插一般是（　）。

A. 直接焊接　　B. 先用胶粘贴再焊接

C. 仅用胶粘贴　　D. 用紧固件装接

15. 在电源电路中（　）元器件要考虑重量、散热等问题，应安装在底座上和通风处。

A. 电解电容、变压器、整流管等　　B. 电源变压器、调整管、整流管等

C. 熔丝、电源变压器、高功率电阻等

16. 在设备中为防止静电或电场的干扰，防止寄生电容耦合，通常采用的是（　）。

A. 电屏蔽　　B. 磁屏蔽　　C. 电磁屏蔽　　D. 无线电屏蔽

三、判断题

1. 波峰焊焊接过程中，印制板与波峰成一个倾角的目的是减少漏焊。（　）

2. 在波峰焊焊接中，解决桥连短路的唯一方法是对印制板预涂助焊剂。（　）

3. 波峰焊焊接中，对料槽中添加蓖麻油的作用是防止焊料氧化。（　）

4. 由于无锡焊接的优点，所以很多无线电设备中很多接点处可取代锡焊料。（　）

5. 绕接也可以对多股细导线进行连接，只是将接线柱改用棱柱形状即可。（　）

6. 印制板焊接后的清洗，是焊接操作的一个组成部分，只有同时符合焊接、清洗质量要求，才能算是一个合格的焊点。（　）

7. 气相清洗印制电路板（焊后的），就是用高压空气喷吹，以达到去除助焊剂残渣的目的。（　）

8. 生产中的插件流水线只分为强迫式和非强迫式两种节拍。（　）

9. 插件流水线中，强迫式节拍的生产率低于非强迫式节拍。（　）

10. 印制板上元器件的安插有水平式和卧式两种方式。（　）

11. 元器件安插到印制板上应遵循先大后小、先重后轻、先低后高的原则。（　）

12. 片式元件安接的一般工艺过程是用导电胶粘剂将元件粘贴在印制板上，烘干后即可正常使用，无需再进行焊接。（　）

13. 在机壳、面板的套色漏印中，一个丝网板可以反复套印多种颜色，使面板更加美观。（ ）

14. 现代电子设备的功能越强、结构越复杂、组件越多，对环境的适应性就越差，如计算机等高科技产品。（ ）

四、简答题

1. 电烙铁有几种？常见的是哪一种？
2. 什么是焊接？锡焊有哪些特点？
3. 焊接的操作要领是什么？
4. 焊接中为什么要用助焊剂？
5. 什么是虚焊、堆焊？如何防止？
6. 焊点形成应具备哪些条件？
7. 手工焊接的基本步骤是什么？
8. 焊点质量的基本要求是什么？
9. 表面安装工艺的焊接方法有几种？它们各有什么特点？
10. 印制电路板的主要工艺是什么？
11. 印制电路板组装的基本要求有哪些？
12. 电子元件有哪几种插入方式？ 各有什么特点？
13. 什么是表面贴装技术？它与通孔插装技术相比有哪些特点？
14. 印制电路板组件的清洗和检测工艺有何作用？
15. 面板、机壳的喷涂工艺的作用是什么？
16. 电子产品中屏蔽装置有何作用？
17. 常用的钳口工具有哪几种？
18. 对电子整机安装的具体要求是什么？
19. 什么是压接、绕接？它们各有什么特点？

参考答案

一、填空题

1. 外热式 内热式 恒温
2. 烙铁头 烙铁心 连接杆 手柄
3. 准备 加热被焊件 熔化焊料 移开焊锡丝 移开烙铁
4. 分点拆焊 集中拆焊 间断加热拆焊
5. 焊前准备 涂敷焊剂 预热 波峰焊接 冷却 清洗
6. 体积小 重量轻 装配密度高 提高产品的可靠性 适合自动化生产 降低了生产成本
7. 有机材料 无机材料
8. 单面混合安装 双面混合安装 完全表面安装
9. 接触可靠 导电性能良好 具有足够的机械强度 绝缘性能良好
10. 通用安装性能检测 焊点检测 在线测试 功能测试
11. 修补平整 去油污 静电除尘 喷涂

12. 电屏蔽　磁屏蔽　电磁屏蔽

13. 自然散热　强迫通风　蒸发　换热器传递

二、选择题

1. A　2. A　3. A　4. A　5. A　6. A　7. A　8. A　9. A　10. D　11. A　12. A　13. A　14. B　15. B　16. A

三、判断题

1.×　2.×　3.√　4.×　5.×　6.×　7.×　8.√　9.×　10.√　11.×　12.×　13.×　14.×

四、简答题

1. 答：电烙铁有外热式、内热式、恒温、吸锡、半自动手枪式等。常用的有外热式、内热式和恒温电烙铁。

2. 答：焊接就是利用加热、加压或其他方式使两金属原子壳层相互作用，形成合金的过程。锡焊的焊接温度较低；焊料能直接由液态转换为固态；污染危害小；操作安全简便；成本低；焊点具有一定的机械强度和较好的电气性能，大量用于无线电产品的装配生产中。

3. 答：焊接的操作要领是：

（1）做好焊前的准备工作。

1）准备工具。

2）焊接前清洁被焊件并上锡。

（2）助焊剂用量适当。

（3）焊接时间和温度要掌握好。

（4）焊料的施加方法要对。

（5）焊接过程中不能触动元器件引脚。

（6）对不合格的焊点要重新焊接。

（7）加热时烙铁头和被焊件应同时接触。

（8）焊后做好清洁工作。

4. 答：焊接中用助焊剂可以除去氧化物增加焊锡的流动性；同时保护焊锡不被氧化从而使被焊件容易被焊接，也就是说帮助焊接，所以焊接中要用助焊剂。

5. 答：虚焊就是焊锡简单地依附在焊件表面而未良好结合形成合金，为防止虚焊应做好焊件的清洁工作和上锡，并掌握好焊接温度和时间，选择合适的助焊剂。

堆焊就是焊料过多地堆在焊接面上，防止方法是：手工焊接应掌握好移开焊锡丝的时间，波峰焊使波峰不能过高。

6. 答：锡焊的条件是：

（1）被焊件必须具有焊接性。

（2）被焊金属表面应保持清洁。

（3）使用合适的助焊剂。

（4）具有适当的焊接温度。

（5）具有合适的焊接时间。

7. 答：手工焊接的基本方法和步骤是：

（1）准备工作。

（2）加热焊件。

（3）熔化焊料。

（4）移开焊锡丝。

（5）移开烙铁头。

8. 答：焊点质量应该满足的基本要求是：良好的电气性能，一定的机械强度，光泽清洁的表面和光滑的外表。

其具体要求如下：

（1）具有良好的导电性能。

（2）具有一定的机械强度。

（3）焊点上焊料要适当。

（4）焊点表面应有良好的光泽且表面光滑。

（5）焊点不应有毛刺、空隙。

（6）焊点表面要清洁。

9. 答：表面安装工艺用机器焊接的焊接工艺如下：

（1）双波峰焊接工艺。

（2）再流焊工艺。

再流焊与波峰焊比较有如下一些持点：

（1）元器件受热冲击小。

（2）仅在需要部位施放焊料。

（3）避免了桥接等缺陷。

（4）能保持焊料成分不变。

（5）只要焊料施放正确就能自动校正元器件固定在正确位置。

10. 答：印制电路板的组装工艺是指：根据工艺设计文件和工艺规程的要求，将电子元器件按一定方向和次序插装（贴装）到印制板规定的位置上，并用紧固件或锡焊等方法将其固定的过程。

11. 答：印制电路板组装的基本要求如下：

（1）各个工艺环节必须严格实施工艺文件的规定，认真按照工艺指导卡操作。

（2）印制电路板应使用阻燃性材料，以满足安全使用性。

（3）组装流水线各工序的设置要均匀，防止某些工序组装件积压，确保均衡生产。

（4）印制电路板元器件的插装（或贴装）要正确，不能有错装、漏装现象。

（5）焊点应光滑无拉尖，无虚焊、假焊、连焊等不良现象，使组装的印制电路板的各种功能符合电路的性能指标要求，为整机总装打下良好的基础。

（6）做好印制电路板组装元器件的准备工作。

1）元器件引线成形。

2）印制电路板铆孔。

3）装散热片。

4）印制电路板贴胶带纸。

12. 答：电子元器件有如下几种插入方式：卧式、立式、横装式、嵌入式、倒装式。它们的各自特点如下：

1）卧式插装是将元器件贴近印制电路板水平插装，具有稳定性好、比较牢固等优点，适用于印制板结构比较宽裕或装配高度受到一定限制的情况。

2）立式插装又称垂直插装，是将元器件垂直插入印制电路基板安装孔，具有插装密度大、占用印制电路板的面积小、拆卸方便等优点，多用于小型印制板插装元器件较多的情况。

3）横装式插装是先将元器件垂直插入，然后再沿水平方向弯曲，对于大型元器件要采用胶粘、捆扎等措施以保证有足够的机械强度。

4）嵌入式插装是将元器件的壳体埋于印制电路板的嵌入孔内，为提高元器件安装的可靠性，常在元器件与嵌入孔间涂上胶粘剂，该方式可提高元器件的防振能力，降低插装高度。

5）倒装式现已较少使用。

13. 答：表面贴装技术（SMT）就是：无需对印制板钻孔插装，直接将表面安装形式的片式元件贴、焊到印制电路板焊接面规定位置上的电子电路装联技术。它与传统的通孔插装技术相比有如下特点：具有体积小、重量轻、装配密度高、可靠性高、成本低、自动化程度高等优点。

14. 答：印制电路板组件的清洗是为了消除焊接面的各种残留物从而保证产品质量。印制电路板组件的检测是为了保证电路板组件的高可靠性。

15. 答：面板、机壳的喷涂工艺的作用是：做装饰和填补某些缺陷。

16. 答：电子产品中屏蔽装置有如下作用：阻止电磁能量的传播，并将其限制在一定的空间范围内，即将干扰源与受感物隔离开来，减少干扰源对受感物的干扰，从而使寄生耦合减小到允许的范围。

17. 答：常用的钳口工具有：尖嘴钳、平口钳、圆嘴钳、镊子。

18. 答：对电子整机安装的具体要求是：对安装的总要求是牢固可靠，不损伤元器件，不损伤涂覆层，不破坏元器件的绝缘性能，保证安装件的位置、方向正确。具体要求如下：

1）应保证实物与装配图一致。

2）提交装配的所有材料和零、部件（包括外购件）均应符合现行标准和设计文件要求，经检验合格方可安装。

3）一般不允许对外购件进行补充加工（图样有规定时例外）。

4）装配前应对机械零部件进行清洁处理，清除附着的杂物，以防止先期磨损而造成额外偏差。

5）机械零件在装配过程中不允许产生裂纹、凹陷、压伤和可能影响设备性能的其他损伤。

6）相同的机械零部件应具有互换性。必要时可按工艺文件的规定进行修配调整。

7）固定连接的零部件，不允许有间隙和松动。活动连接的零部件应能在正常间隙下，在规定的方向灵活均匀地运动。

8）必须仔细检查配套的产品并保持清洁，否则使用时会造成机械和电气故障。

19. 答：压接就是借助较大的挤压力和金属间的位移，使连接器引脚或接线端子与电线间实现机械和电气连接。它有如下特点：操作简便，适宜在任何场合进行操作，生产率高、成本低、无污染，维护简便。压接的缺点是接触电阻比较大；手工压接时，难于保证压接力一致，因而造成质量不够稳定。此外，很多接点不能采用压接方法。

绕接就是对两个金属表面施加足够的压力，使之产生塑性变形，因而在两表面金属形成扩散作用，使两金属完全结合。它的特点是：可靠性高，无虚焊，接触电阻小；操作安全，无污染；无热损伤；操作简单，易于熟练掌握。它的不足之处是必须使用单股导线和特殊形状接线端子，因而应用有一定局限性。

无线电装接工职业技能鉴定训练试题（六）

一、填空题

1. 装配准备通常包括________、________、线扎的制作及组合件的加工等。

2. 导线加工工艺一般包括________加工工艺和________加工工艺。

3. 绝缘导线加工工序为：________→剥头→________→捻头（对多股线）→________。

4. 线端经过加工的屏蔽导线，一般需要在线端套上________，以保证绝缘和便于使用。

5. 元器件引线弯折可用________弯折和________弯折两种方法。

6. 线扎制作过程如下：剪裁导线及线端加工→________→制作配线板→________→扎线。

7. 扎线方法较多，主要有________、线扎搭扣绑扎、________等。

二、选择题

1. 下列不属于导线加工工艺过程的是（　）。

A. 剪裁　B. 剥头　C. 清洁　D. 焊接

2. 下列不属于线扎制作工序的是（　）。

A. 剪裁导线及加工线端　B. 线端印标记　C. 排线　D. 焊接

3. 下列不属于扎线方法的是（　）。

A. 粘合剂结扎　B. 线扎搭扣绑扎　C. 线绳绑扎　D. 焊接

三、判断题

1. 剥头有刃截法和热截法两种方法。在大批量生产中热截法应用较广。（　）

2. 点结是用扎线打成不连续的结，由于这种打结法比连续结简单，可节省工时，因此点结法正逐渐地代替连续结。（　）

3. 排线时，屏蔽导线应尽量放在下面，然后按先短后长的顺序排完所有导线。（　）

4. 导线编号标记位置应在离绝缘端 8～15mm 处，色环标记记在 10～20mm 处。（　）

5. 线扎制作时，应把电源线和信号线捆在一起，以防止信号受到干扰。（　）

6. 元器件引线成形时，引线弯折处距离引线根部尺寸应大于 2mm，以防止引线折断或被拉出。（　）

7. 为了防止导线周围的电场或磁场干扰电路正常工作而在导线外加上金属屏蔽层，这就构成了屏蔽导线。（　）

四、简答题

1. 电子装配的准备工艺主要有哪些？

2. 绝缘导线加工有哪几个过程？

3. 简述屏蔽导线端头有哪些常见的处理方法。

4. 元器件引线成形有哪些技术要求？

5. 什么是线扎？简述线扎的制作过程。

6. 常见线扎的扎线有哪几种方法？

参考答案

一、填空题

1. 导线和电缆的加工　元器件引线的成形　2 .绝缘导线　屏蔽导线端头

3. 剪裁　清洁　浸锡　　4. 绝缘套管

5. 专用模具　手工　　6. 线端印标记　排线

7.粘合剂结扎　线绳绑扎

二、选择题

1. D　2. D　3. D

三、判断题

1. √　2. √　3. √　4. √　5. √　6. √　7. √

四、简答题

1. 答：装配准备通常包括导线和电缆的加工、元器件引线的成形、线扎的制作及组合件的加工等。

2. 答：剪裁→剥头→清洁→捻头（对多股线）→浸锡。

3. 答：（1）屏蔽导线不接地端的加工。

（2）屏蔽导线接地端的加工

4. 答：（1）引线成形后，元器件本体不应产生破裂，表面封装不应损坏，引线弯曲部分不允许出现模印、压痕和裂纹。

（2）成形时，引线弯折处距离引线根部尺寸应大于 2mm，以防止引线折断或被拉出。

（3）线弯曲半径 R 应大于两倍引线直径，以减少弯折处的机械应力。

（4）凡有标记的元器件，引线成形后，其标志符号应在查看方便的位置。

（5）引线成形后，两引出线要平行，其间的距离应与印制电路板两焊盘孔的距离相同，对于卧式安装，两引线左右弯折要对称，以便于插装。

（6）对于自动焊接方式，可能会出现因振动使元器件歪斜或浮起等缺陷，宜采用具有弯弧形的引线。

（7）晶体管及其他在焊接过程中对热敏感的元器件，其引线可加工成圆环形，以加长引线，减小热冲击。

5. 答：为了使配线整洁，简化装配结构，减少占用空间，方便安装维修，并使电气性能稳定可靠，通常将这些互连导线绑扎在一起，成为具有一定形状的导线束，常称为线扎。

线扎制作过程如下：剪裁导线及线端加工→线端印标记→制作配线板→排线→扎线。

6. 答：扎线方法较多，主要有粘合剂结扎、线扎搭扣绑扎、线绳绑扎等。

无线电装接工职业技能鉴定训练试题（七）

一、填空题

1. 企业要实现优质、低耗、高产的生产目标，就必须采用先进、合理的________。

2. 产品装配分为装配准备、________和________三个阶段。

3. 总装是把________装配成合格产品的过程。

4. 整机的连接方式有两类：一类是________连接，即拆散时操作方便，不易损坏任何零件。如________联接、销联接、夹紧连接和卡扣连接等；另一类是________连接，即拆散时会损坏零部件或材料，如________、铆接连接等。

5. 整机安装的基本原则是：________、________、先铆后装、先里后外、________、易碎后装，上道工序不得影响下道工序的安装、下道工序不改变上道工序的装接原则。

6. 电子产品总装时，要认真阅读安装工艺文件和设计文件，严格遵守________。总装完成后的整机应符合图样和工艺文件的要求。

7. 调试工作是按照调试工艺对电子整机进行________和________，使之达到或超过标准化组织所规定的功能、技术指标和质量标准。

8. 各种仪器设备必须使用________芯插头，电源线采用双重绝缘的________芯专用线，长度一般不超过 2m。若是金属外壳，必须保证外壳良好接地。

9. 电气设备和材料的安全工作寿命是________。也就是说，工作寿命终结的产品，其安全性无法保证。原来应绝缘的部位，也可能因材料老化变质而带电或漏电。所以，应按规定的使用年限，及时停用、报废旧仪器设备。

10. 调试工作中的安全措施主要有供电安全、________安全和________安全等。

二、选择题

1. 整机总装工艺过程中的先后程序有时可根据物流的经济性等做适当变动，但必须符合两条：一是（ ）；二是使总装过程中的元器件磨损应最小。

A. 上下道工序装配顺序由管理者自行任意制定

B. 上下道工序装配顺序可以任意互换

C. 上下道工序装配顺序合理或更加方便

2. 为了使整个调试过程按照规定的调试流程有条不紊地进行，应避免重复或调乱可调元器件现象，要求调试人员在自己调试工序岗位上，除了完成本工序调试任务外，（ ）与本工序无关的部分或元器件。

A. 不得调整　　B. 可以调整　　C. 任意

3. 在印制电路板等部件或整机安装完毕进行调试前，必须在（ ）情况下，进行认真细致的检查，以便发现和纠正安装错误，避免盲目通电可能造成的电路损坏。

A. 通电　　B. 不通电　　C. 任意

4. 部件经总装后（ ）进行整机调试，确保整机的技术指标完全达到设计要求。

A. 可以不　　B. 一定要　　C. 任意

5. 所有的测试仪器设备要定期检查，仪器外壳及可触及的部分（ ）带电。

A. 可以　　　　　　　　　B. 任意　　　　　　　　　C. 不应

6. 更换仪器设备的熔丝时，必须完全断开电源线。更换的熔丝（　）。

A. 与原熔丝同规格　　　　B. 比原熔丝容量大　　　　C. 用导线代替

7. 小型电子整机或单元电路板通电调试之前，应先进行外观直观检查，检查无误后，方可通电。电路通电后，首先应测试（　）。

A. 动态工作点　　　　　　B. 静态工作点　　　　　　C. 电子元器件的性能

8. 频率特性指当（　）电压幅度恒定时，电路的输出电压随输入信号频率而变化的特性。它是发射机、接收机等电子产品的主要性能指标。

A. 输出信号　　　　　　　B. 电路中任意信号　　　　C. 输入信号

9. 单元部件在整机装配之前进行过检查调试，将各单元部件装配成整机后，（　）分别再对各单元部件进行调试。

A. 若有时间可以　　　　　B. 不必　　　　　　　　　C. 必须

三、判断题

1. 总装的装配方式一般以整机的结构来划分，有整机装配和组合件装配两种。（　）

2. 装配过程中不用注意前后工序的衔接，只要本工序操作者感到方便、省力和省时即可。（　）

3. 未经检验合格的装配件（零、部、整件），可以先安装，已检验合格的装配件必须保持清洁。（　）

4. 一般调试的程序分为通电前的检查和通电调试两大阶段。（　）

5. 通电调试一般包括通电观察和静态调试。（　）

6. 调试检测场所应安装剩余电流断路器和过载保护装置。测试场地内所有的电源线、插头、插座、熔丝、电源开关等都不允许有裸露的带电导体。（　）

7.调试工作结束或离开工作场所前，应关掉调试用仪器设备等电器的电源，不用拉开总闸。（　）

8. 流水作业生产线上每个操作者必须按照装配工艺卡上规定的内容、方法、操作次序和注意事项等进行作业。（　）

9. 静态工作点的调试就是调整各级电路有输入信号时的工作状态，测量其直流工作电压和电流是否符合设计要求。（　）

10. 频率特性的测量方法一般有点频法和扫频法两种，在单元电路板的调试中一般采用扫频法，调试中应严格按工艺指导卡的要求进行频率特性的测试与调整。（　）

四、简答题

1. 产品装配工艺过程有哪几个阶段？

2. 什么是总装？总装的一般要求和基本原则各是什么？

3. 总装的一般工艺流程是什么？

4. 电子产品为什么要进行调试？调试工作的主要内容是什么？

5. 产品调试的工艺程序是什么？

6. 写出小型电子产品或单元电路板调试工艺流程。

7. 写出集成电路收音机调试步骤。

8. 电子产品故障的查找常用哪些方法？

9. 电子产品调试中，一般采用哪些安全措施？

参考答案

一、填空题

1. 装配工艺
2. 部件装配　整件装配
3. 半成品
4. 可拆卸　螺钉　不可拆卸　粘接
5. 先轻后重　先小后大　先低后高
6. 工艺规程
7. 调整　测试
8. 三　三
9. 有限的
10. 仪器设备　操作

二、选择题

1. C　2. A　3. B　4. B　5. C　6. A　7. B　8. C　9. C

三、判断题

1. √　2. ×　3. ×　4. √　5. ×　6. √　7. ×　8. √　9. ×　10. √

四、简答题

1. 答：产品装配分为装配准备、部件装配和整件装配三个阶段。装配准备阶段包括技术文件的准备，生产组织的准备，工夹具、设备的准备以及元器件、辅助件的加工；部件装配阶段包括印制板装配和机壳、面板的装配。

2. 答：总装是产品装配的最后阶段，是指将单元调试、检验合格的产品零部件，按照设计要求，安装在不同的位置上，组合成一个整体，再用导线将元、部件之间进行电气连接，完成一个具有一定功能的完整机器。

电子产品总装的基本要求：

（1）未经检验合格的装配件（零、部、整件），不得安装。已检验合格的装配件必须保持清洁。

（2）要认真阅读安装工艺文件和设计文件，严格遵守工艺规程。总装完成后的整机应符合图样和工艺文件的要求。

（3）严格遵守电子产品总装的基本原则，防止前后顺序颠倒，注意前后工序的衔接。

（4）总装过程中不要损伤元器件和零部件，避免碰伤机壳及元器件和零部件的表面涂覆层，以免损害整机的绝缘性能。

（5）应熟练掌握操作技能，保证质量，严格执行三检（自检、互检、专职检验）制度。

产品总装的基本原则是：先轻后重、先小后大、先铆后装、先里后外、先低后高、易碎后装，上道工序不得影响下道工序的安装、下道工序不改变上道工序的装接原则。

3. 答：总装的一般工艺流程是：板调印制电路板是否合格→整机总装→整机调试→合拢总装→整机检验→包装入库或出厂。

4. 答：经过装配之后的电子产品，虽已把所需的元器件、零件和部件，按照设计图样的要求连接起来，但由于每个元器件的参数具有一定的离散性，机械零、部件加工有一定的公差和在装配过程中产生的各种分布参数等影响，不可能使装配出来的产品立即就能正常工作。

必须通过调整、测试才能使产品功能和各项技术指标达到规定的要求。因此，对于电子产品的生产，调试是必不可少的工序。

调试工作的内容有以下几点：

（1）正确合理地选择和使用测试仪器仪表。

（2）严格按照调试工艺文件的规定，对单元电路板或整机进行调整和测试。调试完毕，可用封蜡、点漆等方法紧固元器件的调整部位。

（3）排除调试中出现的故障，并做好记录。

（4）认真对调试数据进行分析与处理，编写调试工作总结，提出改进措施。

5. 答：一般调试的程序分为通电前的检查和通电调试两大阶段。

（1）通电前的检查。在印制电路板等部件或整机安装完毕进行调试前，必须在不通电的情况下，进行认真细致的检查，以便发现和纠正安装错误，避免盲目通电可能造成的电路损坏。

（2）通电调试。通电调试包括测试和调整两个方面。较复杂的电路调试通常采用先分块调试，然后进行总调试。通电调试一般包括通电观察、静态调试和动态调试。

6. 答：小型电子产品或单元电路板调试的一般工艺流程包括：

（1）外观直观检查。（2）静态工作点的测试与调整。（3）波形、点频测试与调整。

（4）频率特性的测试与调整。（5）性能指标综合测试。

在以上调试过程中，可能会因元器件、线路和装配工艺因素等出现一些故障。发现故障后应及时排除，对于一些在短时间内无法排除的严重故障，应另行处理，防止不合格部件流入下道工序。

7. 答：集成电路收音机调试步骤：（1）静态检查。（2）测试集成电路 CXA1191M 各脚位工作电压。（3）中频调整。（4）AM/FM 覆盖范围的调试。（5）灵敏度调整。

8. 答：故障出现的原因主要有以下几种：（1）焊接故障，如漏焊、虚焊、错焊、桥接等。（2）装配故障，如机械安装位置不当、错位、卡死等；电气连线错误、断线、遗漏等；元器件安装错误，如集成块装反，二极管、晶体管的电极装错等。（3）元器件失效，如集成电路损坏、晶体管击穿或元器件参数达不到要求等。（4）电路设计不当或元器件参数不合理造成的故障，这是样机特有的故障。

9. 答：调试工作中的安全措施主要有供电安全、仪器设备安全和操作安全。

无线电装接工职业技能鉴定训练试题（八）

一、填空题

1. 电子产品质量水平，最终需通过产品质量体现。电子产品质量主要包括________、________和________三个方面。

2. 全面质量管理是指企业单位开展以________为中心，________参与为基础的一种管理途径，其目标是通过使________满意，本单位成员和社会受益，而达到长期成功。

3. 大力推行________标准，积极开展认证工作，对促进我国企业加速同国际市场接轨的步伐，提高企业质量管理水平，增强产品在国际市场上的竞争能力，都具有十分重大的意义。

4. 在生产过程中通过________，一是可以防止产生和及时发现不合格品，二是保证检验通过的产品符合质量标准的要求。在市场竞争日益激烈的今天，产品质量是企业的灵魂和生命。管理出质量，________则是把好质量关的一把尺子。

5. 产品的检验方法有多种，确定产品的检验方法，应根据产品的特点、要求及生产阶段等情况决定，既要能保证产品质量又要经济合理。常用的两种检验方法是________和________两种。

6. 自检就是操作人员根据本工序工艺指导卡要求，对自己所装的元器件、零部件的装接质量进行检查，对不合格的部件应及时调整并更换，________流入下道工序。

7. 无线电整机总装总调结束并经检验合格后，就进入最后一道工序——________。

8. 寿命试验根据产品不同的试验目的，分为________试验和________试验。

9. 产品质量与生产过程中的每一个环节有关，检验工作也应贯穿于整个生产过程。生产过程中的检验，一般采用________、________和________检验相结合的方式，以此确保产品质量。

10. ________试验可以找出产品存在的问题及原因，以便采取防护措施，达到提高电子产品可靠性和对恶劣环境适应的目的。

二、选择题

1. 为了保证电子产品的质量，检验工作应贯穿于整个生产过程中，只有通过检验才能及时发现问题。检验的对象可以是（　）。

A. 半成品、单件产品或成批产品

B. 元器件或零部件、原材料、半成品、单件产品或成批产品等

C. 元器件或零部件、原材料

2. （　）是根据数理统计的原则所预先制定的方案，从实验品中抽出部分样品进行检验的结果，判定整批产品的质量水平，从而得出该产品是否合格的结论。

A. 全数检验　　B. 任意检验　　C. 抽样检验

3. （　）是一种检验产品适应环境能力的方法。

A. 环境试验　　B. 寿命试验　　C. 例行试验

4. （　）是保证产品质量可靠性的重要前提。

A. 入库前的检验　　B. 生产过程中的检验　　C. 出厂检验

5. 生产过程中的检验一般采用（　）的检验方式。

A. 抽样检验　　B. 全数检验　　C. 任意

6. （　）应在产品设计成熟、定型、工艺规范、设备稳定、工装可靠的前提下进行。

A. 全数检验　　B. 专职检验　　C. 抽样检验

7. 生产过程中的检验一般采用（　）的检验方式。

A. 巡回检验　　B. 全数检验　　C. 抽样检验

8. （　）属产品质量检验的范畴，测试只为判明产品质量水平提供依据。

A. 例行试验　　B. 电磁兼容性试验　　C. 安全性能检验

9. （　）用以检查低温环境对产品的影响，确定产品在低温条件下工作和储存的适应性。

A. 高温试验　　B. 低温试验　　C. 潮湿试验

10. （　）又称为定型试验，其目的是鉴定生产厂是否有能力生产符合有关标准要求的产品。定型试验的结果作为对产品生产厂进行认证的依据之一。

A. 环境试验　　B. 质量一致性检验　　C. 鉴定试验

三、判断题

1. 在商品市场中，为了降低产品成本，生产出的产品不需要经过包装就进入流通市场，到达消费者手中。（　）

2. 全数检验是指对所有产品 100%进行逐个检验，根据检验结果对被检的单件产品做出合格与否的判定。（　）

3. 整机检验只要进行整机外观直观检验即可。（　）

4. 产品包装只是为了好看，提高产品价格。（　）

5. 为了提高产品的竞争能力，使用户的合法权益得到保护，在产品的设计和生产过程中都应实施 GB/T 19000—2000 族标准。（　）

6. 鉴定试验又称为定型试验或可靠性鉴定试验，其目的是鉴定生产厂是否有能力生产符合有关标准要求的产品。（　）

7. 产品从设计、研制、制造到销售过程中都应确保质量，而检验是确保产品质量的重要手段。（　）

8. 老化筛选是在外购进厂的元器件中进行。老化筛选内容一般包括温度老化实验、功率老化实验、气候老化实验及一些特殊实验。（　）

9. 在一般情况下，为了保护内装商品，可以加强包装牢固度，增加包装费用。（　）

10. 条形码符号由一组粗细和间隔不等的条与空所组成，其作用是通过电子扫描，将本产品编码的内容同信息库的资料相结合，在销售本产品时，立即计算出价格，同时为销售单位提供必要的进、销、存等营业资料。（　）

四、简答题

1. 电子产品质量主要包括哪几个方面？其主要内容是什么？

2. 什么是全面质量管理？全面质量管理有哪些特点？

3. 产品检验有哪些类型？各有什么特点？

4. 整机检验工作的主要内容有哪些？

5. 试述环境试验的主要内容及一般程序。

6. 简述产品包装的作用与意义。

7. 条形码与激光防伪标志各自的功能是什么？

参考答案

一、填空题

1. 功能　可靠性　有效度　　2. 质量　全员　顾客

3. GB/T 19000—2000 族　　4. 检验　检验

5. 全数检验　抽样检验　　6. 不可以

7. 包装　　8. 鉴定　质量一致性

9. 自检　互检　专职　　10. 气候

二、选择题

1. B　2. C　3. A　4. A　5. B　6. C　7. B　8. A　9. B　10. C

三、判断题

1.×　2. √　3.×　4.×　5. √　6. √　7. √　8.×　9.×　10. √

四、简答题

1. 答：电子产品质量主要由功能、可靠性和有效度三个方面来体现。(1) 电子产品的功能是指产品的技术指标，它包括性能指标、操作功能、结构功能、外观性能、经济特性等内容。(2) 电子产品的可靠性是对电子系统、整机和元器件长期可靠、有效地工作的能力的综合评价，是与时间有关的技术指标。可靠性包含固有可靠性、使用可靠性和环境适应性等基本内容。(3) 有效度表示电子产品实际工作时间与产品使用寿命（工作和不工作的时间之和）的比值，反映了电子产品有效的工作效率。

2. 答：全面质量管理是指企业单位开展以质量为中心，全员参与为基础的一种管理途径，其目标是通过使顾客满意，本单位成员和社会受益，而达到长期成功。

全面质量管理的特点是“三全”“一多样”，即 (1) 全面质量的管理。(2) 全过程的管理。(3) 全员参加的管理。(4) 质量管理方法多样化。

3. 答：常用的两种检验方法是全数检验和抽样检验两种。

1) 全数检验。全数检验是对产品进行百分之百的检验。全数检验后的产品可靠性很高，但要消耗大量的人力物力，造成生产成本的增加。因此，一般只对可靠性要求特别高的产品（如军工、航天产品等）、试制品及在生产条件、生产工艺改变后生产的部分产品进行全数检验。

2) 抽样检验。在电子产品的批量生产过程中，不可能也没有必要对生产出的零部件、半成品、成品都采用全数检验方法。而一般采用从待检产品中抽取若干件样品进行检验，来推断总体质量的一种检验方式，即抽样检验（简称抽检）。抽样检验是目前生产中广泛应用的一种检验方法。

4. 答：整机检验主要包括直观检验、功能检验和主要性能指标测试等内容。

(1) 直观检验。直观检验的项目有：整机产品板面、机壳表面的涂敷层及装饰件、标志、铭牌等是否整洁、齐全，有无损伤；产品的各种连接装置是否完好；各金属件有无锈斑；结构件有无变形、断裂；表面丝印、字迹是否完整清晰；量程覆盖是否符合要求；转动机构是否灵活、控制开关是否到位等。

（2）功能检验。功能检验就是对产品设计所要求的各项功能进行检查。不同的产品有不同的检验内容和要求。例如对电视机应检查节目选择、图像质量、亮度、颜色、伴音等功能。

（3）主要性能指标的测试。测试产品的性能指标，是整机检验的主要内容之一。通过使用规定精度的仪器、设备检验查看产品的技术指标，判断是否达到了国家或行业的标准。现行国家标准规定了各种电子产品的基本参数及测量方法，检验中一般只对其主要性能指标进行测试。

5. 答：环境试验是评价、分析环境对产品性能影响的试验，它通常是在模拟产品可能遇到的各种自然条件下进行的。环境试验是一种检验产品适应环境能力的方法。其内容包括：

1）机械试验。2）气候试验。3）运输试验。4）特殊试验。

6. 答：包装是保证产品在运输、存储和装卸等流通过程中避免机械物理损伤，确保其质量而采取的必要措施，一方面起保护物品的作用，另一方面起介绍产品、宣传企业的作用。

现代企业都非常重视产品的包装，一些著名企业的产品包装都有自己的特色，包装已反映出企业的形象和市场形象。在流通领域中，包装是实现商品交换价值和使用价值的重要手段。商品的包装还有美化商品、吸引顾客、促进销售的重要功能。包装已同商品质量、商品价格一起，成为商品竞争的三个主要因素。

7. 答：条形码为国际通用产品符号。为了适应计算机管理，在一些产品销售包装上加印供电子扫描用的复合条形码。这种复合条形码各国统一编码，它可使商店的管理人员随时了解商品的销售动态，简化管理手续，节约管理费用。

附　录

附录A　常用电子元器件图形符号资料

图形符号	名称与说明	图形符号	名称与说明
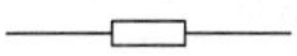	电阻器一般符号		电感器、线圈、绕组或扼流图。注：符号中半圆数不得少于3个
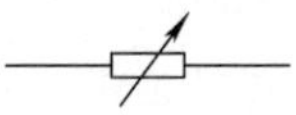	可变电阻器或可调电阻器	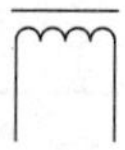	带磁心、铁心的电感器
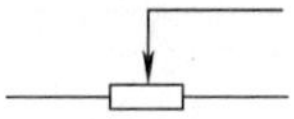	滑动触点电位器		带磁心连续可调的电感器
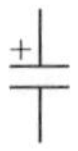 +	极性电容	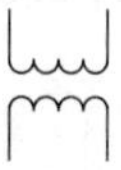	双绕组变压器 注：可增加绕组数目
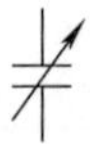	可变电容器或可调电容器	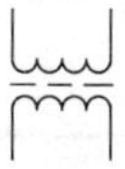	绕组间有屏蔽的双绕组变压器 注：可增加绕组数目
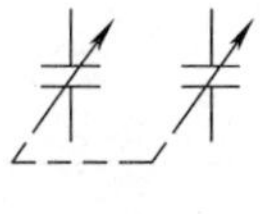	双联同调可变电容器。 注：可增加同调联数		在一个绕组上有抽头的变压器
	微调电容器		
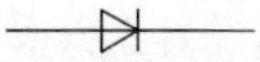	二极管的符号	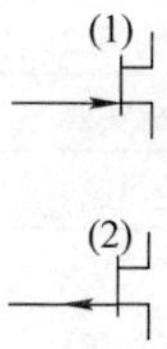 (1)	JFET结型场效应晶体管 （1）N沟道 （2）P沟道
	发光二极管	(2)	
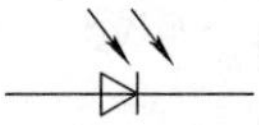	光敏二极管	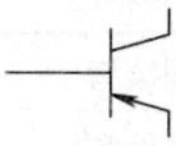	PNP型晶体管

（续）

图形符号	名称与说明	图形符号	名称与说明
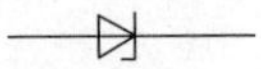	稳压二极管	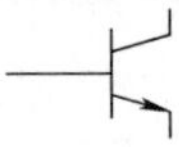	NPN 型晶体管
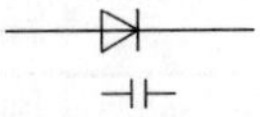	变容二极管	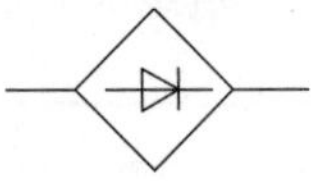	全波桥式整流器
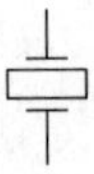	具有两个电极的压电晶体， 注：电极数目可增加	 或	接机壳或底板
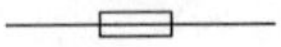	熔断器		导线的连接
	指示灯及信号灯	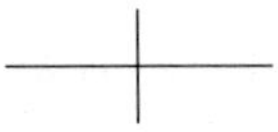	导线的不连接
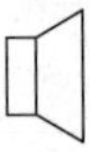	扬声器		动合（常开）触点开关
	蜂鸣器		动断（常闭）触点开关
	接大地	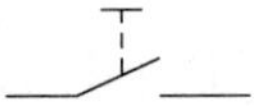	手动开关

附录 B　常用电子元器件型号命名法

表 B-1　电阻器和电位器的型号命名方法

第一部分：主称		第二部分：材料		第三部分：特征分类			第四部分：序号
符号	意义	符号	意义	符号	意义		
					电阻器	电位器	
R	电阻器	T	碳膜	1	普通	普通	对主称、材料相同，仅性能指标、尺寸大小有差别，但基本不影响互换使用的产品，给予同一序号；性能指标、尺寸大小明显影响互换时，则在序号后面用大写字母作为区别代号
W	电位器	H	合成膜	2	普通	普通	
		S	有机实心	3	超高频	—	
		N	无机实心	4	高阻	—	
		J	金属膜	5	高温	—	
		Y	氧化膜	6	—	—	
		C	沉积膜	7	精密	精密	
		I	玻璃釉膜	8	高压	特殊函数	
		P	硼碳膜	9	特殊	特殊	
		U	硅碳膜	G	高功率	—	
		X	线绕	T	可调	—	

（续）

第一部分：主称		第二部分：材料		第三部分：特征分类			第四部分：序号
符号	意义	符号	意义	符号	意义		
					电阻器	电位器	
		M	压敏	W	—	微调	对主称、材料相同，仅性能指标、尺寸大小有差别，但基本不影响互换使用的产品，给予同一序号；性能指标、尺寸大小明显影响互换时，则在序号后面用大写字母作为区别代号
		G	光敏	D	—	多圈	
		R	热敏	B	温度补偿用	—	
				C	温度测量用	—	
				P	旁热式	—	
				W	稳压式	—	
				Z	正温度系数	—	

示例：

（1）精密金属膜电阻器

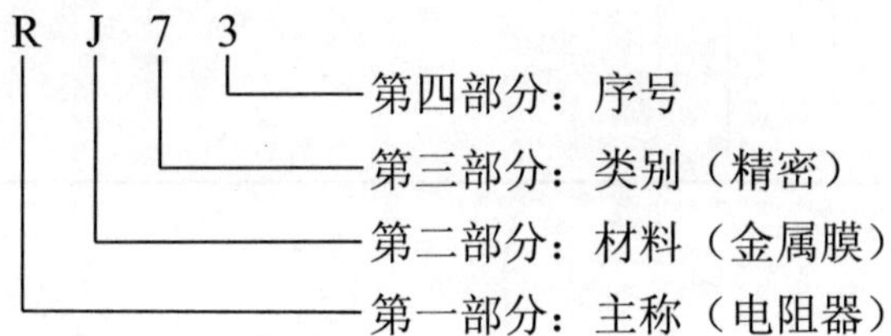

（2）多圈线绕电位器

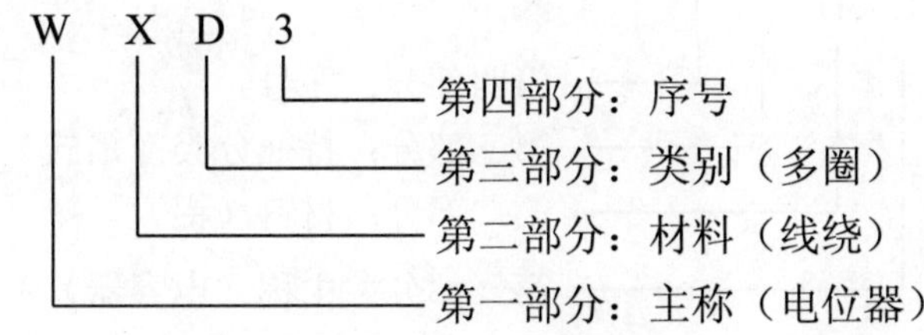

表 B-2　电容器型号命名法

第一部分：主称		第二部分：材料		第三部分：特征分类						第四部分：序号
符号	意义	符号	意义	符号	意义					
					瓷介	云母	玻璃	电解	其他	
	电容器	C	瓷介	1	圆片	非密封	—	箔式	非密封	对主称、材料相同，仅尺寸、性能指标略有不同，但基本不影响互使用的产品，给予同一序号；若尺寸性能指标的差别明显，影响互换使用，则在序号后面用大写字母作为区别代号
		Y	云母	2	管形	非密封	—	箔式	非密封	
		I	玻璃釉	3	迭片	密封	—	烧结粉固体	密封	
		O	玻璃膜	4	独石	密封	—	烧结粉固体	密封	
		Z	纸介	5	穿心	—	—	—	穿心	
		J	金属化纸	6	支柱	—	—	—	—	
		B	聚苯乙烯	7	—	—	—	无极性	—	

（续）

第一部分：主称		第二部分：材料		第三部分：特征分类						第四部分：序号
符号	意义	符号	意义	符号	意义					
					瓷介	云母	玻璃	电解	其他	
	电容器	L	涤纶	8	高压	高压	—	—	高压	对主称、材料相同，仅尺寸、性能指标略有不同，但基本不影响互使用的产品，给予同一序号；若尺寸性能指标的差别明显，影响互换使用，则在序号后面用大写字母作为区别代号
		Q	漆膜	9	—	—	—	特殊	特殊	
		S	聚碳酸酯	J	金属膜					
		H	复合介质	W	微调					
		D	铝							
		A	钽							
		N	铌							
		G	合金							
		T	钛							
		E	其他							

示例：

（1）铝电解电容器

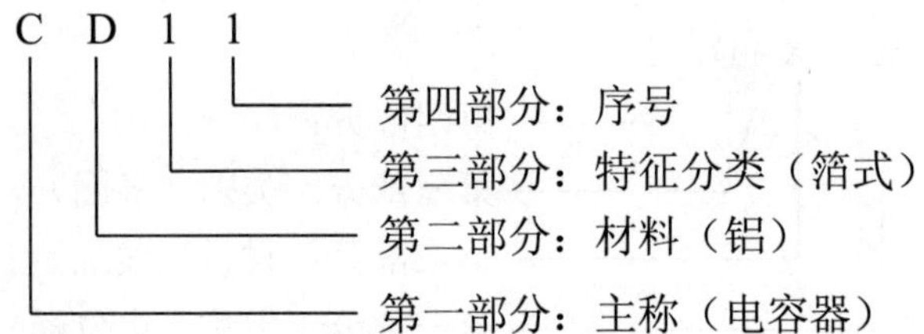

（2）圆片形瓷介电容器

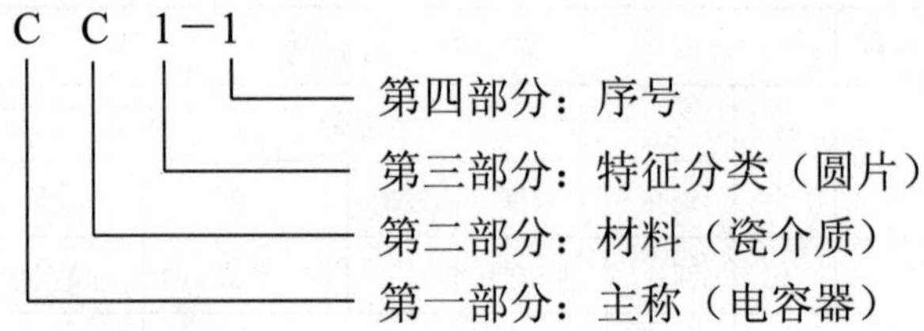

（3）纸介金属膜电容器

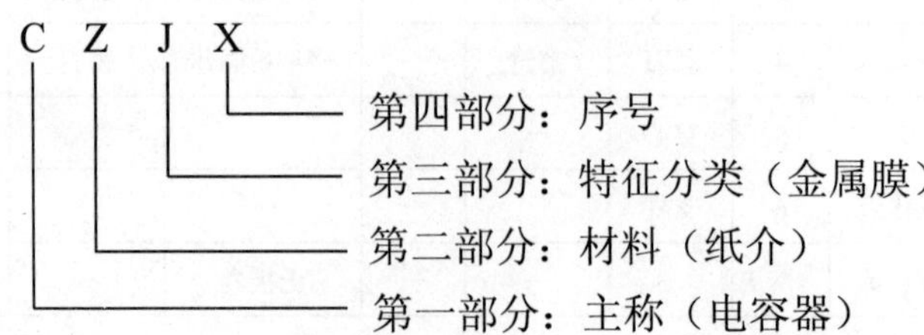

表 B-3 国产半导体分立器件型号命名法（一）

第一部分		第二部分		第三部分		第四部分	第五部分
用阿拉伯数字表示器件的电极数目		用汉语拼音字母表示器件的材料和极性		用汉语拼音字母表示器件的类别		用阿拉伯数字表示序号	用汉语拼音字母表示规格号
符号	意义	符号	意义	符号	意义		
2	二极管	A	N 型，锗材料	P	小信号管		
		B	P 型，锗材料	V	混频检波管		
		C	N 型，硅材料	W	电压调整管和电压基准管		
		D	P 型，硅材料	C	变容管		
3	三极管	A	PNP 型，锗材料	Z	整流管		
		B	NPN 型，锗材料	L	整流管		
		C	PNP 型，硅材料	S	隧道管		
		D	NPN 型，硅材料	K	开关管		
		E	化合物材料	X	低频小功率晶体管（f_a＜3MHz，P_c＜1W）		
				G	高频小功率晶体管（f_a＞3MHz，P_c＜1W）		
				D	低频大功率晶体管（f_a＜3MHz，P_c≥1W）		
				A	高频大功率晶体管（f_a≥3MHz，P_c≥1W）		
				T	闸流管		
				Y	体效应管		
				B	雪崩管		
				J	阶跃恢复管		

例：

（1）锗材料 PNP 型低频大功率晶体管

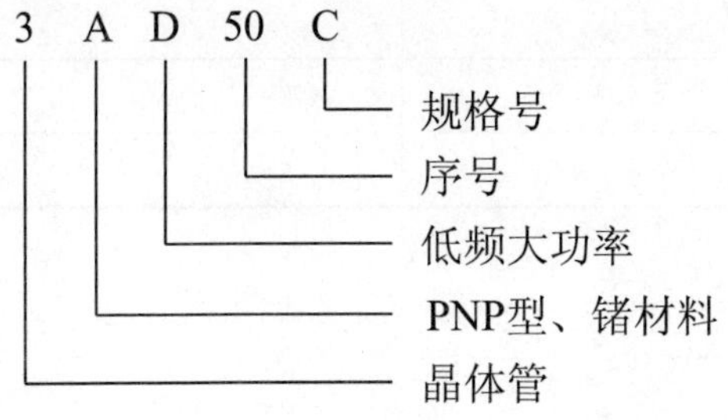

（2）硅材料 NPN 型高频小功率晶体管

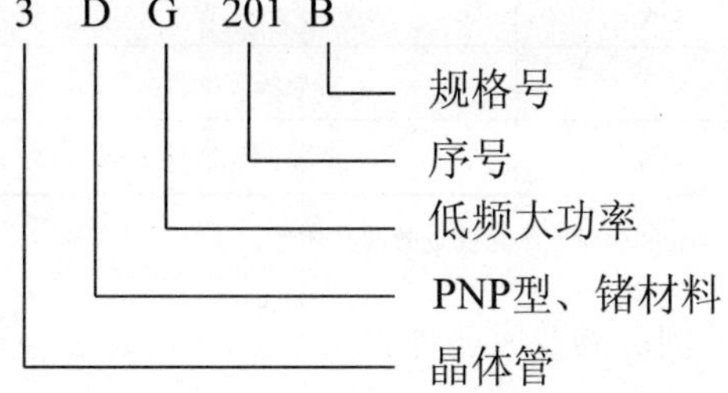

（3）N 型硅材料稳压二极管

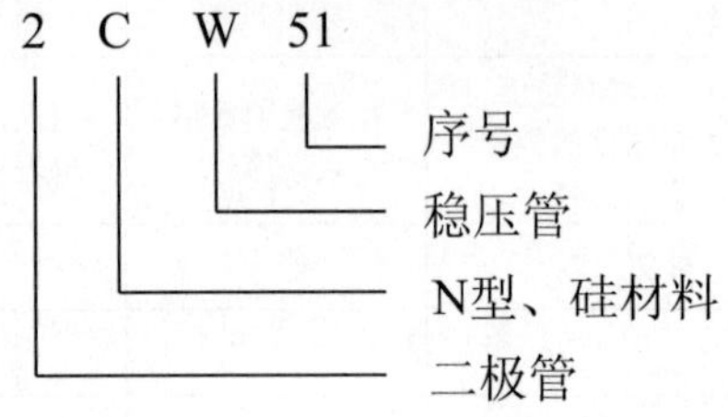

（4）单结晶体管

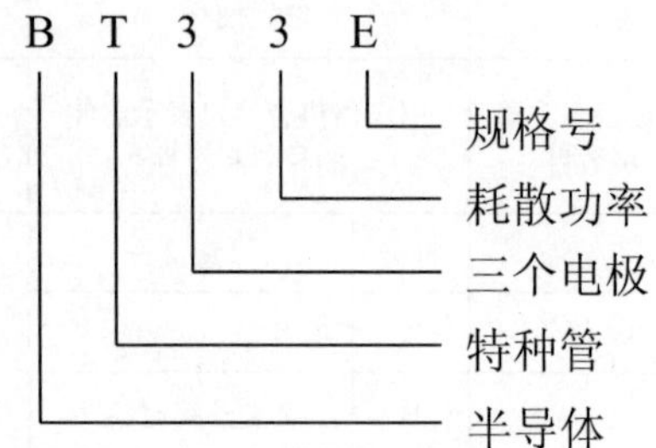

表 B-4 国产半导体分立器件型号命名法（二）

第三部分		第四部分	第五部分
用汉语拼音字母表示器件的类别		用阿拉伯数字表示序号	用汉语拼音字母表示规格号
符号	意义		
CS[①]	场效应晶体管		
BT	特殊晶体管		
FH	复合管		
PIN	PIN 管		
ZL	整流管陈列		
QL	硅桥式整流器		
SX	双向三极管		
DH	电流调整管		
SY	瞬态抑制二极管		
GS	光电子显示器		
GF	发光二极管		
GR	红外发射二极管		
GJ	激光二极管		
GD	光敏二极管		
GT	光敏晶体管		
GH	光耦合器		
GK	光开关管		
GL	摄象线阵器件		
GM	摄象面阵器件		

①4CS 表示双绝缘栅场效应晶体管。

例：场效应晶体管

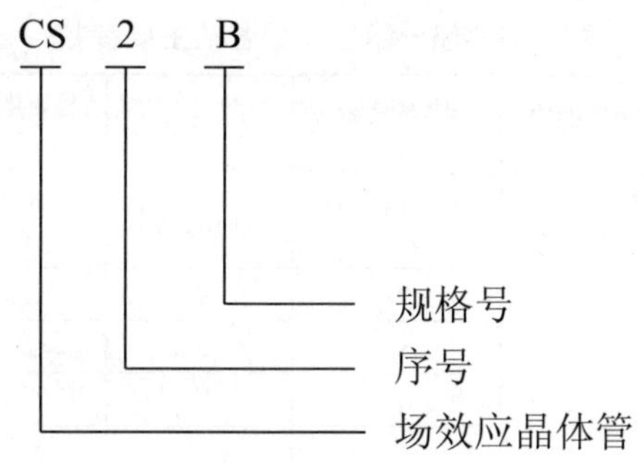

表 B-5 部分半导体二极管的参数

类型	参数型号	最大整流电流/mA	正向电流/mA	正向压降（在左栏电流值下）/V	反向击穿电压/V	最高反向工作电压/V	反向电流/μA	零偏压电容/pF
普通检波二极管	2AP9	≤16	≥2.5	≤1	≥40	20	≤250	≤1
	2AP7		≥5		≥150	100		
	2AP11	≤25	≥10	≤1		≤10	≤250	≤1
	2AP17	≤15				≤100		
锗开关二极管	2AK1		≥150	≤1	30	10		≤3
	2AK2				40	20		
	2AK5		≥200	≤0.9	60	40		≤2
	2AK10		≥10	≤1	70	50		≤2
	2AK13		≥250	≤0.7	60	40		
	2AK14				70	50		
硅开关二极管	2CK70A～E		≥10	≤0.8	A≥30 B≥45 C≥60 D≥75 E≥90	A≥20 B≥30 C≥40 D≥50 E≥60		≤1.5
	2CK71A～E		≥20					
	2CK72A～E		≥30					≤1
	2CK73A～E		≥50	≤1				
	2CK74A～D		≥100					
	2CK75A～D		≥150					
	2CK76A～D		≥200					
整流二极管	2CZ52B～H	2	0.1	≤1		25～600		
	2CZ53B～M	6	0.3	≤1		50～1000		
	2CZ54B～M	10	0.5	≤1		50～1000		
	2CZ55B～M	20	1	≤1		50～1000		
	2CZ56B～B	65	3	≤0.8		25～1000		
	1N4001～4007	30	1	1.1		50～1000	5	
	1N5391～5399	50	1.5	1.4		50～1000	10	
	1N5400～5408	200	3	1.2		50～1000	10	

表 B-6　部分稳压二极管的主要参数

测试条件 参数 型号	工作电流为稳定电流	稳定电压下	环境温度 <50℃		稳定电流下	稳定电流下	环境温度 <10℃
	稳定电压/V	稳定电流/mA	最大稳定电流/mA	反向漏电流	动态电阻/Ω	电压温度系数/（×10⁻⁴/℃）	最大耗散功率/W
2CW51	2.5～3.5	10	71	≤5	≤60	≥-9	0.25
2CW52	3.2～4.5		55	≤2	≤70	≥-8	
2CW53	4～5.8		41	≤1	≤50	-6～4	
2CW54	5.5～6.5		38	≤0.5	≤30	-3～5	
2CW56	7～8.8		27		≤15	≤7	
2CW57	8.5～9.8		26		≤20	≤8	
2CW59	10～11.8	5	20		≤30	≤9	
2CW60	11.5～12.5		19		≤40	≤9	
2CW103	4～5.8	50	165	≤1	≤20	-6～4	1
2CW110	11.5～12.5	20	76	≤0.5	≤20	≤9	
2CW113	16～19	10	52	≤0.5	≤40	≤11	
2CW1A	5	30	240		≤20		
2CW6C	15	30	70		≤8		
2CW7C	6.0～6.5	10	30		≤10	0.05	0.2

表 B-7　3DG130（3DG12）型 NPN 型硅高频小功率晶体管的参数

	原型号	3DG12				测 试 条 件
	新型号	3DG130A	3DG130B	3DG130C	3DG130D	
极限参数	P_{CM}/mW	700	700	700	700	
	I_{CM}/mA	300	300	300	300	
	BV_{CBO}/V	≥40	≥60	≥40	≥60	I_C=100μA
	BV_{CEO}/V	≥30	≥45	≥30	≥45	I_C=100μA
	BV_{EBO}/V	≥4	≥4	≥4	≥4	I_E=100μA
直流参数	I_{CBO}/μA	≤0.5	≤0.5	≤0.5	≤0.5	U_{CB}=10V
	I_{CEO}/μA	≤1	≤1	≤1	≤1	U_{CE}=10V
	I_{EBO}/μA	≤0.5	≤0.5	≤0.5	≤0.5	U_{EB}=1.5V
	U_{BES}/V	≤1	≤1	≤1	≤1	I_C=100mA，I_B=10mA
	U_{CES}/V	≤0.6	≤0.6	≤0.6	≤0.6	I_C=100mA，I_B=10mA
	h_{FE}	≥30	≥30	≥30	≥30	U_{CE}=10V，I_C=50mA
交流参数	f_T/MHz	≥150	≥150	≥300	≥300	U_{CB}=10V，I_E=50mA，f=100MHz，R_L=5Ω
	K_P/dB	≥6	≥6	≥6	≥6	U_{CB}=–10V，I_E=50mA，f=100MHz
	C_{ob}/pF	≤10	≤10	≤10	≤10	U_{CB}=10V，I_E=0
h_{FE}色标分档		（红）30～60　（绿）50～110　（蓝）90～160　（白）>150				
管　脚		b e c				

表 B-8　9011～9018 塑封硅晶体管的参数

型　号		(3DG) 9011	(3CX) 9012	(3DX) 9013	(3DG) 9014	(3CG) 9015	(3DG) 9016	(3DG) 9018
极限参数	P_{CM}/mW	200	300	300	300	300	200	200
	I_{CM}/mA	20	300	300	100	100	25	20
	BV_{CBO}/V	20	20	20	25	25	25	30
	BV_{CEO}/V	18	18	18	20	20	20	20
	BV_{EBO}/V	5	5	5	4	4	4	4
直流参数	I_{CBO}/μA	0.01	0.5	0.5	0.05	0.05	0.05	0.05
	I_{CEO}/μA	0.1	1	1	0.5	0.5	0.5	0.5
	I_{EBO}/μA	0.01	0.5	0.5	0.05	0.05	0.05	0.05
	U_{CES}/V	0.5	0.5	0.5	0.5	0.5	0.5	0.35
	U_{BES}/V		1	1	1	1	1	1
	h_{FE}	30	30	30	30	30	30	30
交流参数	f_T/MHz	100			80	80	500	600
	C_{ob}/pF	3.5			2.5	4	1.6	4
	K_P/dB							10
h_{FE} 色标分档		(红) 30～60　(绿) 50～110　(蓝) 90～160　(白) >150						
管　脚		e b c						

表 B-9　集成电路命名方法（国产）

第 0 部分		第一部分		第二部分	第三部分		第四部分	
用字母表示器件符合国家标准		用字母表示器件的类型		用阿拉伯数字表示器件的系列和品种代号	用字母表示器件的工作温度范围		用字母表示器件的封装	
符号	意义	符号	意义		符号	意义	符号	意义
C	中国制造	T	TTL		C	0～70℃	W	陶瓷扁平
		H	HTL		E	-40～85℃	B	塑料扁平
		E	ECL		R	-55～85℃	F	全封闭扁平
		C	CMOS		M	-55～125℃	D	陶瓷直插
		F	线性放大器				P	塑料直插
		D	音响、电视电路				J	黑陶瓷直插
		W	稳压器				K	金属菱形
		J	接口电路				T	金属圆形

例：

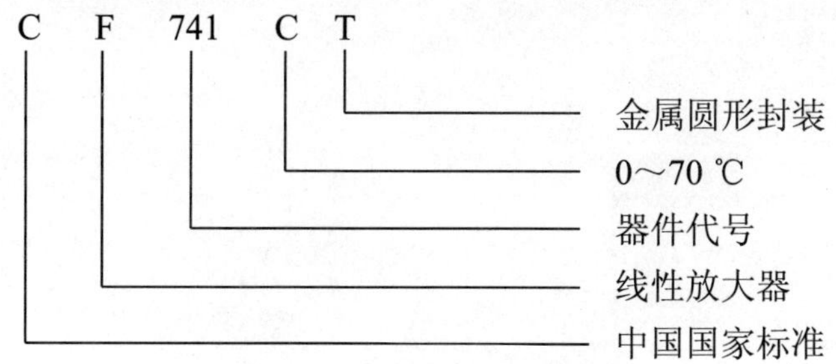

参 考 文 献

[1] 程周.电工电子技术与技能[M].北京：高等教育出版社，2014.

[2] 石小法.电子技能与实训[M].北京：高等教育出版社，2006.

[3] 孔凡才，周良权.电子技术综合应用创新实训教程[M].北京：高等教育出版社，2008.

[4] 陈其纯，王玫.电子整机装配实习[M].北京：高等教育出版社，2002.

[5] 陈雅萍.电工技术基础与技能[M].北京：高等教育出版社，2011.